土地管理论丛

基于微观群体视角的农田生态补偿机制

——以武汉城市圈为实证

杨　欣　著

教育部人文社会科学青年基金项目(16YJC790121)
教育部社会科学研究重大课题攻关项目(14JZD009)　　资助出版
华中农业大学公共管理学院学科建设经费

科 学 出 版 社
北　京

内 容 简 介

本书在追踪国内外农田生态补偿理论研究和实践进展的基础上，系统地对农田生态补偿工作各环节所涉及的利益群体及其相互关系展开分析，进一步以平原区与都市区复合交叉地带武汉城市圈为研究对象，分别基于市民和农户两个微观群体的农田生态补偿支付意愿和受偿意愿，结合农田生态补偿的执行成本和农户农田生态保护的发展受限损失，测定基于微观群体视角的农田生态补偿标准、农田生态补偿方式选择及模式偏好。最后，基于地方政府视角探索建立武汉城市圈区域内和区域间的农田生态补偿资金转移支付体系。本书系统、全面地探索和分析了基于微观群体视角的农田生态补偿机制，较好地反应了主体和受体的关系与矛盾，具有较好的实用性，可以为推动构建符合我国实际的农田生态补偿机制提供参考。

本书可供各级农业及国土资源管理规划部门，土地资源管理、农林经济管理及环境资源经济、生态经济等相关领域的科研人员及高等学校相关专业师生参考。

图书在版编目(CIP)数据

基于微观群体视角的农田生态补偿机制：以武汉城市圈为实证/杨欣著. —北京：科学出版社，2017.8

(土地管理论丛)

ISBN 978-7-03-054110-9

Ⅰ.①基… Ⅱ.①杨… Ⅲ.①农业生态—生态环境—补偿机制—研究—武汉 Ⅳ.①S181.3

中国版本图书馆 CIP 数据核字(2017)第 182701 号

责任编辑：杨光华/责任校对：董艳辉

责任印制：彭 超/封面设计：苏 波

科学出版社 出版

北京东黄城根北街 16 号

邮政编码：100717

http://www.sciencep.com

武汉市首壹印务有限公司印刷

科学出版社发行 各地新华书店经销

*

开本：787×1092 1/16

2017 年 8 月第 一 版 印张：9

2017 年 8 月第一次印刷 字数：213 400

定价：40.00 元

(如有印装质量问题，我社负责调换)

“土地管理论丛”总序

土地既是重要的自然资源，又是不可替代的生产要素，在国民经济和社会发展中具有重要的作用。土地资源管理在推进工业化、农业现代化、新型城镇化、信息化和生态文明建设中的地位日益突出。土地资源管理作为管理学、经济学、法学、信息科学、自然资源学等交叉学科，成为管理学中不可替代的重要学科。

华中农业大学土地资源管理学科创办于 1961 年。1961 年在两位留苏专家韩桐魁教授、陆红生教授的努力下创立了中国大陆第二个土地资源管理本科专业（前称为：土地规划与利用）；1981 年韩桐魁教授、高尚德教授、陈若凝教授、陆红生教授等在全国率先恢复土地规划与利用专业；1987 年获得全国第一个土地资源管理硕士点（前称为：农业资源经济与土地规划利用）；2003 年获得全国第三批土地资源管理博士点；2012 获批公共管理博士后流动站。历经五十余年，在几代土管人的努力下，华中农业大学已经成为中国大陆土地资源管理本科、硕士、博士、博士后教育体系齐全的人才培养重要基地。

华中农业大学于 1960 年建立土地规划系（与农业经济系合署办公），1996 年成立土地管理学院（与农经学院合署办公），2013 年土地管理学院从经济管理学院独立出来与高等教育研究所组成新的土地管理学院和公共管理学院。经过近六十年的积累，已经形成了土地资源经济与管理、土地利用规划和土地信息与地籍管理三个稳定的研究方向。近年来主持了国家自然科学基金项目 27 项，国家社会科学基金项目 10 项，教育部哲学社会科学重大课题攻关项目、博士点项目、中国博士后科学基金项目 21 项。

华中农业大学土地资源管理学科在兄弟学校同行的大力支持下，经过学院前辈的不懈努力，现在已经成为中国有影响的、重要的土地资源管理人才培养、科学研究基地。《资源节约型与环境友好型社会建设土地政策研究》《粮食主产区农地整理项目农民参与机制研究》《农村土地流转交易机制与制度研究》《城市土地低碳集约利用评价及调控研究》《城乡统筹背景下建设用地优化配置的动力、绩效与配套机制研究》《基于生产力总量平衡的耕地区域布局优化及其补偿机制研究》《基于微观群体视角的农田生态补偿机制——以武汉城市圈为实证》《大都市郊区农村居民点用地转型与功能演变研究》为近年我院土地资源管理教师承担的国家自然科学基金、国家社会科学基金项目的部分研究成果，组成“土地管理论丛”。

“土地管理论丛”的出版，一来是对过去我们在三个研究方向所取得成果的阶段性总结；二来用以求教、答谢多年来关心、支持华中农业大学土地资源管理学科发展的领导、国内同行和广大读者。

张安录

2017 年 6 月 6 日

前　　言

我国目前正处于城镇化的快速发展阶段，农田作为城镇化过程中必须投入的要素之一，每年有大量的优质农田被城市的快速扩张所占用，农田保护和管理工作面临巨大威胁。为降低农田流失速度，国家颁布了《基本农田保护条例》《土地管理法》《土地用途管制》等一系列与农田保护相关的法律、法规和政策，它们虽然在一定程度上降低了农田流失的速度，但也在一定程度上损害了农田保护区内相关利益群体的经济利益，影响农田管理制度的有效性及规划保护目标的实现。基于农地的边际收益要远低于市地边际收益的现实，农民在被要求无偿保护农田过程中遭受了巨额的农田发展受限损失。同时，农田也为人类提供了食物和原材料之外的诸多非市场价值，如：调节气候、净化空气和水源、提供开放景观和娱乐休憩价值等。农田非市场价值无法在现实市场中交易以及政府配套经济补偿措施滞后的现实，农地和非农用地经济产出的显著差异以及农田生态系统巨大的社会和生态价值“外溢”，在上述问题的双重作用下，使得这一系列非市场价值的提供是以降低农民的经济收入为前提，严重侵害了生态保护区内相关群体的利益并造成社会不公及寻租行为，引发农地相关利益群体（农户和地方政府）的福利产生“暴利”和“暴损”现象。国内外的实践研究表明，强制性的农田保护管制制度，严格限制或者剥夺了管制区域内相关群体自由使用土地资源的权利，侵害管制区内相关群体的经济利益和福利水平。如果不辅以相应的经济补偿措施，将导致不同利益群体的福利非均衡化，违背社会公平与环境公正的基本理念。

党的十八大明确提出要建设社会主义生态文明，农田生态文明建设战略的实施，需要有配套的绩效考核办法的改革和生态环境利益补偿的移转机制，否则可能导致战略失效。2013年党的十八届三中全会指出必须建立系统完整的生态文明制度体系，实行生态补偿制度，改革生态环境保护管理体制。农田生态补偿制度和政策逐步在国家颁布的一些重要文件和出台的政策中得到体现，2015年国务院颁布的《生态文明体制改革总体方案》提出要着力解决自然资源及其产品生产开发成本低于社会成本、保护生态得不到合理回报等问题。2016年国务院下发的《国务院办公室关于健全生态保护补偿机制的意见》中明确了我国要建立以绿色为导向的耕地保护补偿制度，重点完善生态区域补偿机制，推进横向生态保护补偿。在此背景下，四川省成都市、广东省佛山市、江苏省苏州市及上海市闵行区等一些发达城市和地区开始积极探索农田保护经济补偿或生态补偿的实践模式。因此，在当前如何结合我国的政策背景、土地基本国情和迎合社会发展的现实需求，初步构建一个较完整的农田生态补偿体系迫在眉睫。在当前我国经济社会发展进入"新常态"的大背景下，必须加快建立生态文明制度和生态环境保护的体制机制，以实现新型城镇化背景下的城乡统筹和区域一体化发展。

西方国家常通过实施农业补偿政策、与农户之间签订合同的方式来达到农业景观的维护和农田生态服务产品的持续供给。在我国，农田承担着重要的社会经济职责及复杂的生态服务功能，农田生态补偿体制不健全、补偿资金来源有限而农田生态保护又对资金依赖程度较大的现状下，为了在发展经济的同时不伤害农田保有者的经济利益，并满足人类不断增加的农田生态服务需求，农田生态补偿制度被提出要求农田生态服务受益者在支付农田生态产品的市场价值之外，还需对非市场部分的农田生态产品进行支付。农田生态补偿机制作为协调区域经济发展和农地保护两者之间利益关系的新型环境经济政策，其实施可以有效弥补农田保护主体在农田保护过程中所遭受的经济损失，提高其农田保护积极性，同时降低农田生态服务消费者所获得的无偿收益，改变目前保护农田无利可图、占用农田而不需付费的状态，实现市民、农户之间和城乡之间的协调发展。

农田生态补偿作为政府再分配的一个环节，是政府为协调各经济主体利益平衡的主要调节手段。探讨规划管制下农田生态补偿政策设计及体系构建问题，可以为农田保护政策制定和农田生态文明建设提供重要参考。本书综合运用自然资源经济学、社会学、福利经济学以及法学的理论和方法，从国际经验借鉴和国内现有制度绩效评价两个层面，归纳总结出农田保护政策给各相关利益群体所带来的福利"暴利"和"暴损"；在对与农田生态补偿有密切关系的利益群体进行概念界定和关系分析后，再清楚界定农户、市民、地方政府三大群体，对群体内部和群体之间的相关关系展开分析；以武汉"两型社会"建设综合配套改革试验区为实证，测算市民和农户两大群体对于支付意愿及各属性组合方案中最优方案的价值，确立农田非市场价值及其异质性程度；在确立农田非市场价值的基础上，进一步从法理学和财产权的角度出发，追踪和梳理发达国家在面对为公众利益做出牺牲进行补偿时采用的做法，确立我国农田生态补偿实施所应采取的补偿原则和农田生态补偿执行成本；计算在土地所有制和土地用途不变的前提下，基本农田保护政策管制下农户农田发展受限的经济损失额度；从市民支付意愿和农户受偿意愿两个角度出发，分别得到充分考虑农田生态补偿的执行成本和农户农田保护过程中的经济发展受限损失的、基于市民支付意愿和农户受偿意愿的农田生态补偿标准；分别分析了市民和农户对农田生态补偿城市（成都、佛山、苏州和上海）的偏好和补偿方式（现金、实物、技术和政策）的选择及影响其偏好和选择的社会经济因素，提出综合考虑市民与农户的补偿模式与方式；除了区域内部的自上而下的农田生态补偿外，还建立了区域之间的农田生态补偿制度。以武汉城市圈为研究对象，基于地方政府的视角构建农田生态补偿资金转移支付模型，依据粮食安全法对武汉城市圈 48 个县（市、区）进行支付区和受偿区划分；进一步结合基于市民支付意愿的农田生态补偿标准对地方政府之间的农田生态补偿资金转移支付量进行核算，并结合基于农户受偿意愿的农田生态补偿标准核算地方政府与其辖区内农户之间的农田生态补偿资金量，并对资金来源展开分析；最后将武汉城市圈各县（市、区）所需要的补偿资金额度占其财政收入和辖区内居民可支配收入总额度进行比较，评估武汉城市圈农田生态补偿财政转移支付的现实可行性。

本书的顺利出版要感谢教育部人文社会科学青年基金项目（16YJC790121）、教育部社会科学研究重大课题攻关项目（14JZD009）、华中农业大学公共管理学院学科建设经费的资助。本书的出版还得到华中农业大学公共管理学院张安录教授和蔡银莺教授的大力支持和帮助。此外，本书的编写过程中参考了大量国内外同行的文献资料，在此一并感谢！

由于作者水平有限，书中欠妥之处在所难免，恳请读者批评指正。

杨　欣

2017 年 1 月

目　　录

第1章 农地资源多功能价值理论

1.1 农地价值理论

农地作为一种重要的自然资源，其价值测度一直是资源经济学界争论的焦点。对农地资源价值的片面认知使得我国农田在过去的三十年中大面积流失，带来一系列诸如水资源污染、生物种类减少等环境问题。农田价值的认知偏差需要对其理论基础进行追本溯源和重新审视。

1.1.1 农地价值构成

目前，学术界对农地资源价值构成还未形成统一的分类系统。国内学者(武燕丽，2005；霍雅勤 等，2003；汪峰，2001)倾向于将农地总价值分为经济价值(农田不仅提供粮食等农产品，还生产棉花等工业生产原材料)、社会价值(为农民提供了最低的生活保障、吸纳社会就业，同时，作为粮食生产的唯一载体，农田还可以是社会价值(维护国家粮食安全、吸纳农村剩余劳动力、提供农民养老保障))和生态价值(农田能调节局部小气候、提供优美的户外开敞景观等)的综合。从农田生态系统能够提供的服务类型出发，将其划分为经济、社会和生态价值的方法便能够囊括农田目前所有的功能类型，但由于此种分类方法中各项价值之间相互依附而存在，并不互相独立，只能作为农田功能归纳的工具，不能作为价值理论的基础。

英国经济学家 Pearce 和 McConnell 将环境资源的总经济价值分

为市场价值(market value)和非市场价值(non-market value)(谭永忠 等,2012;蔡银莺,2007)。其中直接使用价值和间接使用价值共同组成了市场价值,而非市场价值的组成比较复杂,可以更进一步分为:决策者为了将来能利用农田生态系统所获得的选择价值(包括代际选择价值和代内选择价值)、存在价值和馈赠价值,具体如图 1.1 所示。

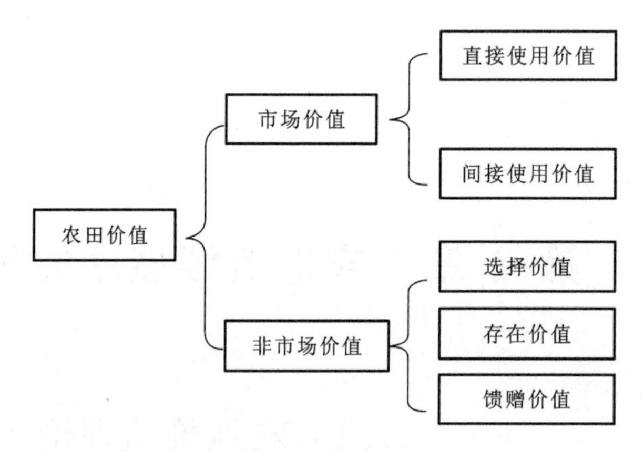

图 1.1 农田价值构成

对于农田来说,直接使用价值是指人们利用农地作为生产资料,从事经营活动获取农畜产品所取得的经济收益,它们可直接通过市场自由交易而得到价值体现;间接使用价值则包含农田提供开敞空间和调节空气以及维护生物多样性等产生的价值。

选择价值是指决策者为了将来能够继续利用农田生态系统所产生的水源地水土涵养、气候调节和净化空气等功能的支付意愿。它是基于消费的不确定性而产生的,具体包含三个方面的价值:当前土地产权人对今后土地使用的潜在价值、子孙后代使用该土地的价值和他人使用该土地的价值。

存在价值为确保各项依附于农田资源的服务持续存在而愿意进行金钱支付的价值,具体包括开敞的农田生态景观和以农田作为栖息地的生物物种。他们只是从农田依然存在这一现实中获取价值,与近期或远期是否对农田资源进行消费无关。

馈赠价值是人类为了子孙后代能够持续利用农田资源而在此时产生的支付意愿价值。它基于代际公平角度,为了使得子孙后代能够持续地利用农田及其附属的效益,愿意事先对此进行费用支付,避免其过快消费和过早消亡。

人们保留资源于未来使用的全部动机可以用非市场价值完整解释。而非市场价值在现有研究中被忽略是导致农地经营和农地保护的效益被低估的最主要原因。更进一步地以此为基础制定的农用地保护和管理制度,特别是农地非农利用决策也会产生偏差,最终导致农田功能的进一步退化。

在综合前人研究的基础上,本书主要从农地的非市场价值评估入手,以期为完善农地价值理论和非市场价值定量研究做出一定的贡献。

1.1.2 农地非市场价值测算

非市场价值最早由环境经济学家Krutilla(1967)提出，他认为社会中的个体普遍对具有提供舒适环境功能的自然资源的保护有正的支付意愿，这种支付意愿是自然资源非市场价值形成的基础。但这些功能无法在现实市场中得到反映，称其为非市场价值。现有实践中对于非市场价值的评估主要通过揭示性偏好方法(revealed preference techniques，RP)和陈述性偏好方法(stated preference techniques，SP)来实现。

1. 揭示性偏好评估方法

揭示性偏好方法的原理是运用相似市场中获取的信息来对非市场的物品或者服务进行价值估算。相似市场界定的关键是它可以为你所要评估的商品提供一个间接的市场交易价格，最常用的解释性评估方法是特征价格模型(hedonic price methods，HPM)和旅行成本模型(travel cost methods，TCM)。

2. 陈述性偏好评估方法

陈述性偏好评估方法是建立在受访者个人对自身偏好进行主观陈述的基础上，它需要通过调研的手段构造出环境资源商品在不同变化状态时，受访者个人对该商品的支付意愿。它主要包括条件价值评估法(contingent valuation method，CVM)和选择实验法(choice modelling，CM)。

3. 揭示性偏好与陈述性偏好的比较

总的来说，特征价值法和旅行成本法等揭示性偏好方法可以通过个体行为对商品或服务进行评估，其结果是通过市场行为推导得出的，具有较强的客观性，但是其仅能在环境变化后应用，属于“事后”评估方法。因此对农田非市场价值这一无须进行事先消费的研究对象并不适用。

陈述偏好方法是通过对受访个体构建假象市场的基础上，通过问卷调查和访问的手段，调查受访个体对具有非市场价值的商品或服务的支付意愿。通常会被用来衡量开敞景观、食品安全、文物古迹、健康情况和自然资源的保护，由于其足够简单、直接，不仅可以对环境变化之前的状况进行评估，还可以对变化之后的状况直接进行评估，适合对农田非市场价值展开评估。

1.2 农地外部性理论

1.2.1 外部性定义

外部性(externality)被看作是经济学文献中最难定义的概念之一，也称作外部成本、外部效应或溢出效应。其最早源于英国经济学家马歇尔(Marshall)于1890年在其著作"Economic Theory"中提出的"外部经济"概念,他认为企业的生产活动会受到外部的各种因素影响,导致企业的生产费用增加,其弟子庇右(Pigou)运用现代经济理论从福利经济学的角度系统地研究了外部性问题,认为企业活动在受到外部影响的同时,也会对外部产生影响。至此外部性的研究对象开始明晰化,使其定量化的研究成为可能。一般地,如果因为该经济体的某项活动外部性的存在,使得其他经济体的福利水平增加,却无须其支付费用,为正外部性;反之,如果其他个体的收益因为该项活动的外部性而减少却未对其进行经济补偿,则可称为负外部性。上述外部性的定义用数学公式可归纳为

$$U_j = U_i(X_{1j}, X_{2j}, \cdots, X_{nj}, X_{mk}),\quad j \neq k \tag{1.1}$$

式中:不同的个人或者经济体由 j 和 k 代替;j 的效用函数由 U_j 表示;X_i $(i=1,2,\cdots,n,m)$ 指经济活动。表明经济主体 j 的效用水平不仅受到自身所控制的经济活动 X_i 的影响,还受到由别的经济主体 k 所控制的经济活动 X_{mk} 的影响,此时即存在外部效应(马爱慧,2011)。

外部性内部化主要沿着庇古和科斯(Coase)所设计的道路前行。Pigou认为依靠自由竞争在边际私人收益与边际社会收益、边际私人成本与边际社会成本相背离的情况下不可能达到社会福利最大化。具体操作时:对存在外部不经济(边际私人成本小于边际社会成本)的部门或企业征税,如目前的排污费;对存在外部经济(边际私人收益小于边际社会收益)的部门或企业则应给予补贴。Coase在此基础上进一步指出,交易费用的存在是庇古税有效的前提。

但是,庇古税也存在缺陷:①外部性之间的相互性没有被纳入考虑,被补贴者处在被动接受的地位,无法得到其内心真实想要的补偿标准;②政府干预不仅有行政成本,还会因此产生可能的寻租行为,会导致资源的不合理配置。

1.2.2 农田生态系统的外部性

国家颁布了《土地管理法》、《基本农田保护条例》等一系列法律法规和条文,以法律形式明确规定了农田保护的责任,但是严格的农田保护政策并没有取得预期效果。究其原因主要在于"谁保护,谁受益"的规则没有贯彻到底。国家在依靠行政法律手段推行农田保护责任的同时,也限制了农田保有者自身的权利,忽略了其所遭受的经济收益损失。因此,准确地开展农田非市场价值评估、建立农田生态补偿机制,不仅可以提高土地资源农业利用的边际产出,缓解农地流失的速度,还能量化由农地管制政策给相关利益群体带来的福利上的"暴利"(windfalls)和"暴损"(wipeout)(Scott et al.,2007),缩小社会边际成本与私人边际成本、社会边际收益与私人边际收益之间的差距,有助于达到社会总体效用的最大化。

农田生态系统作为一个多功能性的生态系统,除了能提供食物类农产品和生产生活原材料等经济价值,还具有保护国家粮食安全、提供生态景观、维护生物多样性等外部于现有市场价值的、跨越行政边界而持续流动的社会和生态价值。这些非市场价值因其产权的不明晰和排他性的缺失,使得农地这些价值被置于公共领域,产生显著的外部性,也

是造成社会决策与私人决策产生利益冲突的根本原因。

1. 农田生态系统的正外部性

在所有的生态系统中，农田生态系统是生物生产力最高的生态系统，它是森林生态系统的5～10倍，是草地生态系统的20倍以上(唐健 等，2006)。农田作为一个人工操作的管理系统，为人类提供了食物、纤维和燃料等重要的生产和生活产品。此外，农田生态系统的正外部性主要表现其能够提供人类赖以生存的、外部于现有的市场价值的、自然环境条件与效用(欧阳志云，1999)。在这些正外部性中，1997年Costanza等人在Nature上发文首次系统的罗列了全球生态系统服务所提供的16种正外部性价值；千年生态系统评估(millennium ecosystem assessment，MA)认为农田生态系统最重要的外部性是维持土壤肥力，它是维持农业生产力的根本。人类的管理能维持和提高土壤肥力，土壤有机物质能提供作物生长的矿物质营养元素，它能提供50%作物所需氮元素。调节服务是耕地提供最多样的服务，包括调节种群、授粉、昆虫、病原体、土壤流失、水质供给、温室气体排放、固碳等。人类管理同样可以控制土壤流失，保护耕地并维持土地植被覆盖率能减少径流和土壤的板结。径流减少可以增加渗透，提高水的利用性和地下水的补给。国内学者谢高地等(2003)进一步在征询200位专家学者的基础上，结合千年生态系统评估方法，认为农田生态系统所提供的正外部性服务主要表现为食物生产、原料生产、水资源供给、气体调节、气候调节、净化环境、水文调节、土壤保持、维持养分循环、生物多样性和美学景观11种服务功能。总之，农田生态系统的正外部性主要表现为提供产品、调节服务、支持服务、文化服务等生态功能，按照在现代社会的作用也可以分为社会功能、生态功能和经济功能。具体如下。

1）生物多样性服务(biodiversity services)

生物多样性服务主要是指农田生态系统通过为动植物提供栖息地，以增加其多样性。湿地是自然界中生物多样性和生态功能最高的生态系统，能为人类提供多种资源，是人类最重要的生存环境，与此同时也是野生动植物，尤其是鸟类最重要的栖息地。但不幸的是全球湿地已经损失了50%(卢升高 等，2004)。耕地资源的利用维持了耕地生态系统内部物种的生存、繁衍，保留了大量基因、物种和生态系统多样性。

2）碳服务(carbon services)

农田通过光合作用合成有机物，能够吸收大量CO_2，同时释放大量O_2，起到净化空气的作用，对维持地球大气中的CO_2和O_2的动态平衡起着非常重要的作用。植被较多区域反射率较低，能吸收大部分热量，提高大气湿度，削弱温室效应，改善局部小气候，具有“碳汇”功能。减缓碳排放(碳储存)已被《京都议定书》框架认可，但目前的耕地资源的固碳、碳汇功能没有引起足够重视。

3）水文服务(hydrological services)

农业生产活动对于保持水土有着重要的积极意义。地表植被覆盖和土壤管理能有效吸收、渗透水量、改善水质和调节径流。反过来，这些属性对水文服务也有反馈的影响。例如，总地表水和地下水产量、季节分布、水的质量（如沉积）。理想情况下，水文服务评价需要特定位置的土壤特性、植被覆盖、斜坡、分布、降水强度以及不同的水文服务变量的需求等信息。总之，农作物对地表的覆盖可明显减轻风蚀、水蚀的发生，对于保持水土、防止侵蚀发挥了较大作用。

4）优美景观（scenic beauty）

耕地资源也是一种景观，能给人一种视觉上的美感，特别是休闲观光农业，将各种景观要素组合能提供开敞空间、乡村景观等功能，还能提供自然环境的美学、社会文化科学、教育、精神和文化的价值。目前提出的“观光农业”也是这样一种理念，在提供人类物质生产的同时，也提供精神文明和旅游的价值。而且耕地资源对于提高耕地认知、农业文化的传承、重农思想、教育人们保护耕地、贯彻基本国策都具有积极意义。

总之，农田生态系统除了为人类提供了食物和原材料，还具有调节气候、净化空气和水源、提供开放景观和娱乐休憩价值等正外部性（蔡银莺 等，2010a）。然而由于现实市场无法交易生态虚拟物品的缺陷，致使这一部分农田生态服务和商品价值的提供是以降低农民的经济收入为代价的，政府配套经济补偿措施的滞后使得农田生态系统保护相关群体遭受利益“暴损”，引发公众对社会公正和环境公平的质疑（蔡银莺 等，2010b）。

2. 农田生态系统的负外部性

农田生态系统的正外部效应已经受到了学者的广泛关注，相关研究成果已经为制定农地补偿等政策提供了理论和数量依据，而涉及农地农用过程中负外部效应的系统研究却不多。在当前细碎化、分散化的土地生产经营格局以及我国差别化的土地管理政策下，农民为了追求农业经济产出最大化对农地进行了大量的外部投入。对于农民来说，理性的选择就是不断提高农产品的产量，结果是一切有利于提高农产品产量的措施、物质都会被采取和使用，由此造成的负外部效应却由全体社会成员承担。例如，农民的这种策略选择会导致大量化肥、农药、地膜的滥用。购买投入到农地中的农业化学用品是农民实际支付的私人成本，但是农民在决定其私人生产行为时，往往忽视其成本中的一个重要部分，即由于过度使用农业化学品引起的地表水的富营养化、地下水的亚硝酸盐污染，大气污染等环境危害问题的治理所需要支付的费用，这些支出是农民农地利用过程中没有考虑的外部成本，而它们却是社会成员承担的真实成本。由此可见，农民从该策略选择中得到相应的收益，但是却没有为其行为所造成的环境破坏和自然灾害而支付成本。

因此，农地农用的负外部效应是指农民在对农地进行掠夺式的开发与利用的经营过程中，给他人或外部环境带来不利影响而不进行任何补偿的现象。主要涉及对农地过度投入农用化学品所导致的影响其他生产和消费系统的环境资源功能的损害而造成的经济损失，主要包括以下三个方面。

1）化肥滥用导致的负外部效应

近半个世纪以来，人们认识到化肥对作物增产有较大推动作用，因此化肥的施用量以惊人的速度增长，但是过量的化肥对环境造成了多方面的影响。

（1）渔业损失

未被农地利用的过量化肥会随降雨、灌溉和地表径流进入江、河、湖、海、库、塘等受纳水体，污染地表水，当污染物超过一定的限度时会造成水体的富营养化，进而导致下游渔业的损失。

（2）生活用水污染

据统计，生活饮用水大部分来源于浅井或江河水，但其中约有75%的水质污染严重，细菌超过国家规定的卫生标准，并且我国大约有30%供应的自来水还达不到合理的健康标准。造成上述问题的一个重要原因就是滥用化肥，农民对农地施用的过量而未被土地有效利用的化肥有2%～3%会通过径流渗透到地下水中，造成地下水中硝酸盐含量升高，从而导致人们的生活用水受到硝酸盐污染。

（3）气候变化

当今全球面临的重大挑战之一就是气候变化，大气中CO_2、CH_4和N_2O是最重要的温室气体，它们的排放对温室效应的总贡献率近80%。温室气体的排放会导致全球温度的升高，给人类带来巨大的经济损失，而农民对农地投入过量化肥通过各种途径促进了这三种主要温室气体的产生与排放。化肥提高了土壤有机质含量，从而提高了土壤CO_2排放量；施肥减弱了土壤对大气CH_4的吸收汇的功能，从而提高了大气CH_4的含量；施肥改变了土壤中NO_3^-的含量，从而提高了农田N_2O的排放。

2）农药滥用导致的负外部效应

大量使用农药会对环境造成影响，危害人类健康，给社会造成巨大的经济损失，进而对农业的可持续发展产生严重影响。

（1）降低生物多样性

农药使用后不仅能够杀死害虫，还会在不同程度上杀死益虫（如土壤中的一些无脊椎动物、微生物），导致昆虫群落结构发生变化，降低生物的多样性，农药对植物多样性也造成不利的影响。因为害虫的天敌与其他有益动物的死亡，会导致农业经济损失。相关研究表明，全球每年仅仅因为农药影响昆虫授粉而引起的农业经济损失就达到四百多亿美元。

（2）危害人类健康

滥用高毒农药和过量使用农药会造成粮、油产品的直接污染，增加农副产品中农药的残留。如果长期食用高残毒的农产品，一些有毒物质会在人体内长期积累，将给人体健康带来严重的影响。

3）地膜废弃导致的负外部效应

农膜的增温保墒有助于保障农业的增产与稳产，被广泛用于各种作物的种植，但是如今生产的农膜质薄、强度低，受光合作用老化后易破碎，回收困难，农民废弃的农膜碎片会四处飞舞，悬挂在道路两侧的树枝上，破坏农村的生态环境景观。

1.3　福利效用理论

1.3.1　福利效用界定

作为西方经济学的一支年轻的重要分支，福利(welfare)起源于1920年“福利经济学之父”Pigou和其合作者Hobbes所著的《福利经济学》一书。个人或者群体对其享受或者满足的心理可用福利进行反应，福利水平是会随着收入和占有的资源增加而增加，等同于“效用(utility)”，并建立了基数效用论(cardinal utility theory)来对福利的高低进行衡量，以上为旧福利经济学发展阶段。

新福利经济学的观点则认为不同个体之间的效用水平不适宜用基数数词进行直接的比较，主张用序数数词来表示效用水平的高低，由此建立了效用序数论(ordinal utility theory)。新福利经济学认为个人的福利水平的最好判断者是自己，而社会的总体福利水平则与组成社会的全体成员的福利有关，但其福利水平不一定是所有成员个体的加总(周沛，2007)；如果在没有人的福利水平下降的前提下，至少一个人的境况好起来，那么社会整体即存在福利改进。由此形成了福利经济学的三大基本定律：①初始资源禀赋的不同并不影响最终的最优资源配置结果，各主体可以通过充分的自由竞争市场交易行为达到瓦尔拉斯均衡(walrasian equilibrium)，而这个均衡一定符合帕累托最优(Pareto optimality)效应；②市场机制是所有符合帕累托有效(Pareto efficiency)的资源配置都可以实现的途径，各参与主体所应做的一切只是初始资源禀赋的再分配；③阿罗不可能定律(arrow's impossibility theorem)，在民主社会中，适用于所有个体偏好类型的社会福利函数并不存在。

福利经济学家Amartya Sen提出的可行能力理论重新补充和定义了福利这一概念，他认为个体特征变量是福利测度中需要考虑的另一类因素，认为福利是多维度的综合表现。根据Kuhn等(2016)的观点，个人福利函数不仅与其占有的资源禀赋多寡有关，还与其自身的心理状态有关，这都是对新福利经济学中个人福利函数的进一步扩展。目前在经济学界，福利涵盖哪些内容还未形成统一的结论，实际操作中通常会根据研究对象的变化，而对福利所包含的内容加以具体规定。经济学中通常认为理性个体的终极追究是实现其自身效用的最大化，而福利是理性个体消费一定的商品或服务而得到的满足程度。因此，在资源经济学领域，会将福利划分为环境福利和非环境福利对个体行为展开研究(Amir，1995)。

17至18世纪上半叶英国经济学家N.巴本(N. Barbon)明确提出了效用价值论,作为与劳动价值论对立而存在的经典西方经济学理论,效用价值论认为,物品之所以有价值,在于它们能满足人类内心的需求。意大利经济学家F.加利亚尼(F. Galiani)则认为物品的价值由消费者从物品当中获取的效用和物品的稀少性共同决定,也与交换当事人对此物品的估价有关,称为一般效用论,为资本主义商品交换关系的发展奠定了理论基础。边际效用价值理论由英国经济学家W.S.杰文斯(W.S.Jevons)、奥地利经济学家C.门格尔(C. Menger)和法国经济学家L.瓦尔拉斯(L. Walras)于19世纪70年代初期共同创立,边际效用理论认为价值应取决于边际效用,而非完全取决于物品的内在性质,它会随着物品数量变化而发生变化。在此基础上,福利经济学家马歇尔结合古典经济学中生产费用理论和边际效用递减理论,创立了均衡价值论,他认为商品的市场价格由供需双方的力量共同作用,认为均衡价格是由供给和需求两方面共同决定。

除可以作为必要的生产性投入要素,环境资源类商品还具有提供娱乐休憩、开敞景观等功能,这些功能本身具有价值却无法在现有的市场交易中得到体现。有时候市场价值还会对这些非市场价值产生挤出效应,使其萎缩甚至消失。对此,Samuelson于20世纪60年代末期建立了显示性偏好理论(revealed preference theory),他认为效用是一种主观概念,不能直接测算其值的大小,但消费者的消费行为却可以从一定程度上反映其内心从消费这种商品或者服务中所获取的满足程度的高低,只要通过观察便可对其价值进行反映。

总体来看,效用价值论是从理性消费者对商品的消费行为而获取的效用作为其价值测算的依据,是一种适用于资源环境研究的价值理论,农田作为一种环境资源类商品,其非市场价值也同样能够通过效用理论予以解释。

1.3.2　农田福利效用的衡量

资源的最优配置与福利均衡通常是一致的,因此福利测度常成为资源配置合理与否的工具,成为资源经济研究中的重要问题。

针对福利的衡量,Pareto、Marshall、Samuelsen及Hicks均有贡献,共同建立了新福利经济学中的补偿原则。关于补偿标准,马歇尔(A. Marshall)(1933)主张在需求与收入独立的前提下,用消费者的支付意愿和实际支付的价格之差对消费者剩余(consumer surplus,CS)进行计算。希克斯(Hicks)(1943)则分别发展四种福利测度的工具:补偿变差(compensation variation,CV)、等价变差(equivalent variation,EV)、补偿剩余(compensation surplus,CS)和等价剩余(equivalent surplus,ES)。其中,希克斯方法(Hicksian approach)只需要借助于需求函数便可求得消费者的福利水平,省去了效用函数测算这一步骤,简化了计算的复杂度而被广泛采用,成为陈述偏好方法的理论基础。然而，希克斯方法无法模拟不同个体之间的支付意愿(willingness to pay，WTP)和受偿意愿(willingness to accept，WTA)之间的偏差，其中信息偏差而引起的福利测度误差不容小觑，这些都需要在问卷设计的优化、实地调研时通过调查员的培训、数据处理时的优化来尽可能的排除或降低。

希克斯方法蕴含的经济学原理可以用图1.2解释(陈竹，2012)。假设商品 x_1 价格由于生产改进从 p_1' 下降到 p_1''，由此引发理性消费者的消费商品组合由曲线 U^0 上的 A 点转移到曲线 U' 上的 B 点。此时将 x_2 的价格标准化为单位1，x_2 的数量便可以用以代表消费者的收入水平。

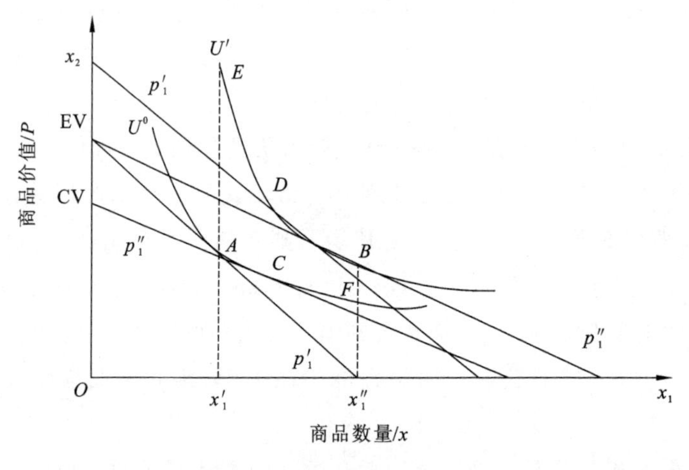

图1.2　希克斯方法

补偿变差所要测算的问题是当价格变化时，要维持福利不变所应进行的补偿支付的数额多少。具体在图1.2中表示为当商品 x_1 的价格从 p_1' 下降到 p_1''，p_1' 经过 U^0 上的 A 点，p_1'' 经过 U' 上的 B 点；同时如果个体的收入水平减少CV的额度时，消费组合只有经过点 C，才能保证价格变化前后消费者福利状况处于同一条无差异曲线上。因此，CV可以有两种可能性的解释，一是消费者个体在价格降低时为了维持自身福利不变所愿意支付的最大价值，二是消费者个体价格上升时为使该个体福利不变所应得到的最低补偿额度。同时，理性情况下必须满足价格下降时消费者愿意支付的总额度CV不能大于其收入，但是价格上升时则没有此项限制。

等价变差方法表示价格发生变化时，多少额度的收入怎么变动才能等价于价格的变动。在图1.2中，给定初始价格 p_1' 的情况下，如果收入水平增加额度EV，消费者的个体效用在 D 点时为 U'，EV便是价格从 p_1' 变化到 p_1'' 的收入需要增加或者减少的额度。因此，EV是当价格从 p_1' 下降到 p_1'' 时，使消费者愿意放弃在低价下购买该商品所必须得到的最低数额，或者是当价格从 p_1' 上升到 p_1'' 时，消费者为了避免因价格变动带来的消费组合减少所愿意支付的最高数额。

此外，福利变化还可用除了价格变化之外的数量变化来揭示，具体可以用等价剩余或者补偿剩余来测度。其中，等价剩余是当消费量给定时，当价格变化时，为维持消费者从新的消费组合与原有消费组合中获取的效用相同，收入需要变动的额度。补偿剩余则是当价格变化时，需要给消费者多少补偿来维持消费者从新的消费组合与原有消费组合中获取的效用相同。

1.4 公平与效率理论

1.4.1 公平与效率的定义

公平与效率作为经济学中共生共存、辩证统一的两个重要分支，有人认为两者之间是互相对立的，有人则认为是互相一致的。但总体来说，相比于效率的诸多研究，公平却一直未受到主流经济学的关注。但农田生态补偿作为国家非均衡发展战略的一种重要调节手段，必须对公平和公正的观念事先进行充分的了解。

作为研究人的动机和知觉关系的一种激励理论，公平理论是由美国心理学家 Adams 于20世纪60年代中期创建，最初用于对工资分配的合理性和公平性进行研究，后来也逐步用于对员工工作积极性影响的研究。该理论认为员工工作的积极性除了与其所得实际工资的多寡有关外，还与其对工资分配的公平性有显著相关性，即中国社会传统所谓的"不患寡而患不均"。引入经济学模型可转化为：对于自身甲和另一个被比较对象乙，则只有当式(1.2)成立时，甲才感觉到其工资被公平发放：

$$\frac{OP}{IP}=\frac{OC}{IC} \tag{1.2}$$

式中：OP 为对自身所获得工资的感觉；OC 为对他人所获得工资的感觉；IP 为感觉自身对工作所付出的投入；IC 为感觉他人对工作所付出的投入。当式(1.2)两边不相等，会出现以下两种情况：①当$\frac{OP}{IP}<\frac{OC}{IC}$时，个体甲可能会提出要求增长自身工资水平或降低自己工作投入的时间，此时等式左边的值开始增加，等式两边趋于相等；②当$\frac{OP}{IP}>\frac{OC}{IC}$时，甲便会产生降低自己的工资水平或自觉在工作中付出更多投入的想法，但久而久之，甲会自动重新对自身的努力程度做出估计，最终使得工作努力程度恢复到以前的水平。此外，理性个体还会与自己的过去做纵向比较，具体表述为

$$\frac{OP}{IP}=\frac{OH}{IH} \tag{1.3}$$

式中：OH 为对自身过去所获得工资的感觉；IH 为感觉自身过去对工作所付出的投入。

当式(1.3)两边不相等时,也可能出现以下两种情况:①当$\frac{OP}{IP}<\frac{OH}{IH}$时,员工甲内心便会产生不公平的感觉,使其努力程度下降;②相反,当$\frac{OP}{IP}>\frac{OH}{IH}$时,乙虽然不会因此产生不公平的感觉,但也不会因为自己多拿了报酬而在工作上主动付出更多的努力。

1.4.2 农田保护中的公平与效率

在农田非市场价值评估及补偿领域,纵向的比较主要取决于社会中的制度改革、技术进步等因素,不作为本书研究的范围;而在横向公平领域,可进行借鉴和应用。已有的农田保护和土地用途管制政策是政府行使的警察权(police power)的一种,但我国缺乏配套经济补偿措施的管制政策,这种为了全社会整体福利的考量而使得受限制区内的土地价值和土地权益人福利水平出现"暴损",土地发展机会的不公平造成的社会整体的福利分配不均,给社会稳定和平稳发展带来威胁。

对于农户等微观经济主体来说,农田生态系统作为一个多功能性的生态系统,除了能提供农产品和生产生活原材料等市场价值,还具有保护国家粮食安全、提供生态景观等跨越行政边界而持续流动的非市场价值(杨欣 等,2015;Scott et al.,2007;Werner et al.,2003)。非市场价值在现有市场中的无法交易加剧了农业用地与工业用地和商业用地之间边际产出的差异,促使大量的农田流转为城市建设用地。而我国目前的土地权利并未完全赋予农户个人,已有的农田保护政策使得这种流转的权力被限制,农田利用的私人最优决策与社会最优决策的不一致加剧了农户的福利损失。

从地方政府的角度出发,各级地方政府作为相对独立的有限理性个体,有自己的经济发展和环境保护政策,土地分区、主体功能区划等管制手段对农地非农化实行差异化的管理,这使得地方政府的最优决策与中央最优决策存在不一致。经济发达区域在农田保护问题上的"搭便车"行为,使得其城市陷入低质量的过快蔓延;同时,农田分布较多的地区因其被迫无偿承担了多于其自身发展所需要的责任,且丧失了诸多农地非农化机会而陷入"资源诅咒"(resource curve)的怪圈(文兰娇 等,2013)。

1.4.3 农田保护中的帕累托改善

在上述问题的双重作用下,区域农田数量不断减少,质量不断降低,引发农田生态系统全面退化和气候变迁等一系列局部和全球性环境问题(Fahrig,2003)。因此,从微观农户、地方政府和全体社会成员的角度,协调区域农田生态保护和经济发展之间的矛盾,必须要做到社会总体福利在纵向上的最大化(vertical optimize)和横向上的平均分配(horizontal equality),区域内和区域间的生态补偿成为一条兼顾效率与公平的解决之道。

区域内的农田生态补偿是对农户和村集体等农田保护主体进行经济补偿，以弥补其在农田保护过程中遭受的福利“暴损”，使得地方政府在付出较低的农田生态补偿资金的前提下，完成其所承担的农田保护目标。同时对农户和村集体等农田保护主体，区域内的农田生态补偿弥补了其农田保护过程中所遭受的发展受限经济损失，使得全社会获得持续性的农田生态服务供给成为现实。因此，区域内的农田生态补偿使得地方政府和农户两者的福利同时得到改善，而具体补偿额度的多寡经过多次博弈后形成一个最优值，最终使得地方政府和农户之间达到帕累托最优。

区域间的农田生态补偿则是在农田生态盈余区与赤字区之间进行经济转移支付，以弥补区域内农田分布较多的地区因承担了较多农田保护的责任，错失了将农田这一边际经济收益较低的土地用途转为边际经济收益相对较高的建设用地的机会。同时也使得区域内农田分布较少、因无偿占用周围地区的农田生态服务却逃避了农田保护责任的地区，在支付少于其自行进行农田保护成本的前提下获得持续性的农田生态系统服务。区域间的农田生态补偿还可以防止农田保护对区域内农田分布较多的地区的经济发展起到制约作用，同时有效降低区域内农田分布较少的地区建设滥用农地的现象，最终使得农田生态盈余区和农田生态赤字区的福利同时得到帕累托改进。

1.5　本章小结

本章对于书中所运用的基础理论进行了回顾，并结合研究对象进行了分析，为以后章节中的具体问题研究打下基础。具体来说，1.1 节从农田价值定义及其构成，分析了农田非市场价值研究对农田保护的重要性，为本章的研究找到了突破口；1.2 节分析了农田生态补偿存在的基础及其合理性，为跨区域农田生态补偿转移支付存在的必要性打下了理论基础；1.3 节和 1.4 节则为衡量农田生态补偿的标准、区域内和区域间农田生态补偿转移支付资金额度的核算找到了经济学和心理学的理论基础，具体的应用会在以后的章节中逐步展开。

第2章　农田生态补偿相关研究及实践进展

2.1　农田生态补偿理论研究进展

生态补偿(ecological compensation)在国际上还没形成统一的定义。Coase(1960)最早提出的企业应该对其产生的污染进行付费的论断,奠定了生态补偿的理论基石;Cuperus 等(1999)将生态补偿定义为补助那些因发展而产生的生态功能降低或者质量损害;而根据Wunder(2005)的判定,生态补偿应同时满足交易自愿发生、生态服务明细界定、生态服务买卖双方同时存在、持续性的生态服务供给等条件。目前国内常用的生态补偿概念与国际上通行的生态服务付费(payment for ecosystem services,PES)或生态效益付费(payment for ecological benefit,PEB)的概念在本质上较为类似(Norgaard et al.,2008)。庄国泰等(1995)则认为只要增加资源存量和改善环境质量的经济补偿均可以称作生态补偿;毛显强等(2002)指出生态补偿制度是对生态环境保护者的一种利益驱动机制;毛峰等(2006)则认为生态补偿从物质、能量两个方面出发,修复那些丧失自我反馈与恢复能力的生态系统;徐中民等(2008)则认为生态补偿旨在鼓励参与者提供更多的生态系统服务的财政激励措施,它可以将外部的、非市场化的价值转化为现实。

生态补偿政策作为一项政府管制措施,通过对现有土地收益结构的调整和分配,在各相关主体之间建立一种有激励作用的利益分配关系和风险分担机制。目前,生态补偿的实践已在全球范围内广泛开展,成为许多国家保护农田和农业生态景观的主要方式之一。发达国家诸如美国的农田保护计划(farmland protection program,FPP)、土地退耕计划(land retirement programs,LRP)、欧盟的环境敏感地(environmentally sensitive areas,ESA)、英国的农业环境项目(agricultural environment scheme,AES)、瑞士生态补偿区域计划(ecological compensation areas,ECA)、澳大利亚 Murray-Darling 流域的水分蒸发信贷案例等。发展中国家实施的有哥伦比亚考卡谷流域上游的水资源管理项目、哥斯达黎加的 Sarapiqui 流域的森林生态效益补偿计划以及中国的退耕还林、退湖还田和天然林保护工程等。这些项目的实施对于提高公众的生态保护意识、促进生态服务市场化等起到重要作用(杨欣 等,2012a;2012b)。

2.1.1　农田生态补偿标准

补偿标准的确定是农田生态补偿的关键和核心,也是其难点所在。比较常用的方法包括市场比较法、意愿调查法、机会成本法、生态系统服务价值法、选择实验法等,这些方法在具体的应用过程中各有优缺点。生态系统服务功能价值法在确定生态补偿标准方面理论依据最充分,但目前关于生态系统服务功能类型的理论划分比较复杂(赵翠薇 等,2010;Scott et al.,2007),评价结果产生的误差较大,因而难以在生态补偿的具体政策设计中应用;机会成本法和市场比较法等方法在生态补偿标准测算中应用比较广泛(李晓光 等,2009),但是因为诸多非市场物品和服务数据的可获性较差,因此应用有限;支付意愿法测算的价格取决于个人的偏好(蔡银莺 等,2011a;2011b;任艳胜 等,2010;沈根祥 等,2009),通过假象市场的构造来实现,不受现有市场的限制,因此应用范围较广,但是假象市场构造的误差需要通过更精细的实验手段设计和调查来进行规避。农田作为具有巨大经济、社会和生态价值的多功能性自然资源,其蕴含着巨大的非市场价值。非市场价值的准确测算可以为农田生态补偿标准的研究奠定基础。

现实操作中,Drake(1992)、蔡银莺等(2007)分别应用条件价值评估法对瑞典和中国的农地非市场价值进行测算,得到单位面积的价值分别为 975 克朗/hm^2 和 228.31 元/hm^2;谭永忠等(2012)运用选择实验法中的多分类 Logit 模型分别测算浙江省德清县市民和农户对农田非市场价值的支付意愿,得到德清县的城镇居民每户的年均支付意愿为 143.04 元,农村居民每户的年均支付意愿为 27.47 元;陈竹(2012)、马爱慧等(2013)也运用该方法分别对湖北省武汉市的农地外部效益和耕地生态补偿标准进行估算,得到武汉市市民和农户的年均支付意愿分别为 257.69 元/户和 247 元/户;金建君运用选择实验法测算浙江省温岭县的农田非市场价值的年均支付意愿为 341.16 元/户(Jin,2013);鄂施璇(2014)应用选择实验模型得到黑龙江省巴彦县单位面积的耕地资源价值 45 445.44 元/hm^2,其中非市场价值占总价值 88.48%,并对比运用综合法测算得到单位面积耕地资源价值为 619 847.93 元/hm^2,其中非市场价值占总价值的比例为 99.16%;谢高地等(2008)在征求了 200 位自然资源经济学家意见的基础上,根据特尔菲法得出单位面积农田生态服务价值为 6 114.30 元/hm^2,而农田生态系统自然过程提供和产生的价值占其总价值的 41.19 %,但生态补偿的标准设立到底是基于效益还是基于价值进行设定,目前学术界各方还没能达成共识(蔡银莺 等,2010a;2010b)。此外,基于意愿调查法的补偿标准测算中受访者的偏好异质性还从未被纳入考量，计算结果的精确度有待进一步提升。

2.1.2　农田生态补偿模式和方式

现实中，在补偿资金来源有限的前提下，制定出一个交易成本低、兼顾公平与效率又易于操作的补偿模式和方式是研究的主要内容之一，它不仅直接关乎补偿的效果，也是整个生态补偿能够成功实施的关键(杨欣 等，2012a；2012b)。迄今为止，国内共有四个城市进行了农田生态/经济补偿的实践探索，分别为成都的耕地保护基金、佛山模式的基本农田保护经济补偿、苏州模式的生态补偿专项资金和上海的基本农田生态补贴。然而系统地对国内所有农田生态补偿模式的对比和受访者偏好分析的研究还较少。

生态补偿方式并无统一的划分方式。中国生态补偿机制与政策研究课题组(2007)依据生态补偿途径的不同，将其划分为资金补偿、实物补偿、智力补偿和政策补偿四种类型；陈源泉等(2007)则将生态补偿手段划分为命令控制型(command and control)和经济激励(market-based instruments)两种手段；任勇等(2008)、杨欣 等(2012a；2012b)认为生态补偿方式应划分为两大类：一类是政府购买，包括财政转移支付、生态补偿基金等，另一类则较多地运用市场的手段，如使用者付费、生态标记等；洪尚群等(2001)则认为补偿方式尽可能的丰富多彩，才能使得各种差异化、个性化补偿的供给与需求在高水平上保持动态平衡。陈明灿(1998a)、杨欣 等(2011)依据财产权受到限制程度的不同将生态补偿划分为三种方式：①权利取得，包括征收、协议赎买、土地储备、以地易地、设定地役权等形式；②权利转移，特指土地发展权转移；③权利弥补，涵盖现金补贴、赋税减免、财政转移支付等形式。

国内系统针对所有农田生态补偿模式偏好和方式选择的研究还较少，研究也多采用两分类 Logit 模型进行，相关的研究内容还存在扩大的空间，研究方法也仍需进一步改进。

2.1.3　区域农田生态补偿

1. 区域补偿类型划分

区域农田生态补偿的类型划分要建立在区域自身农田生态盈亏水平的判断下。第一步需要从自身农田生态价值的供给和消耗出发，如果该区域自身的社会经济发展需要占用的生态价值量大于其自身所能产生的生态价值量，那么这种类型的区域在自身的发展过程中就消耗了由其他地区所供给的农田生态价值，因此，需要拿出自身社会经济发展成果的一部分对其他地区进行经济反馈。相对应地，如果该区域自身的社会经济发展需要占用的生态价值量小于其自身所能产生的生态价值量，那么这种类型的区域在自身的发展过程中就贡献给了其他地区农田生态价值，就应当获得补偿。划分的方法主要包括粮食安全法和农田生态足迹法。

粮食安全法是判别一个地区自身粮食产量能否自给自足的重要指标，朱新华等(2007)运用该方法对全国和不同省市层面的粮食安全状态进行测算；周小平等(2010)、曹瑞芬等(2014)则分别运用该方法对全国和湖北省的耕地保护分区进行了类型划分；杨欣等(2013a)则综合运用生态服务价值理论和粮食安全模型来解决宏观层面的生态补偿额度问题。

另外，农田生态足迹法也是农田生态补偿区域划分的另一种主要方法，它以生态足迹模型为基础，将农田生态系统单列出来，将区域农田生态足迹高于其农田生态承载力的地区划分为农田生态补偿支付区，反之，那些农田生态足迹低于其农田生态承载力的地区则划分为农田生态补偿受偿区，两者相等的地区则划分为平衡区既不支付也不接受农田生态补偿。王女杰等(2010)、杨欣 等(2013b)分别运用该方法对山东省和武汉城市圈的生态补偿类型区进行了划分。

2. 区域补偿额度测算

由于农田生态补偿对象的复杂性以及范围的不确定性等原因(马爱慧 等，2012a；2012b)，国内目前并没有关于跨区域补偿标准测算统一、公认的方法。目前已进行的初步研究包括马爱慧(2011)以生态足迹和生态承载力理论为出发点，从国家层面对土地生态补偿进行计算和测定；徐大伟等(2008)依据水权和对全流域 GDP 贡献度的方法对流域上下游间的生态补偿进行核算；张效军(2006)利用区域农田赤字和盈余来解决农田资源跨区域补偿问题；张郁等(2008)则从分析流域生态补偿实践中的制约因素出发，提出构建流域生态补偿机制的必要性；白景峰(2010)通过经验法、机会成本法两种方法探讨了北京跨界水源功能区的生态补偿问题。孔凡斌(2010a；2010b)采用成本效益分析法和工业发展机会成本法测算江西东江源区跨流域的生态补偿总额。这些方法多是从国家或省级层面进行跨区域补偿的计算，计算结果较为粗略。从县(市、区)层面利用生态服务价值方法并结合区域经济发展状况、粮食安全需求状况对城市群进行跨区域生态补偿研究还很缺乏(杨欣 等，2011)。

3. 区域补偿方式设定

地方政府间农田生态补偿的实现主要依靠财政转移支付，具体包含了区域内转移支付和区域间转移支付，区域内转移是联盟向国家、国家政府向省级、省级向地市级政府的纵向支援，区域间转移则是在同一行政辖区下由经济较为发达的地区直接向经济相对落后的地区进行的横向转移支付。美国实施的农田保护计划、环境质量奖励计划和湿地保护计划，其资金多是来源于纵向财政转移支付。瑞士的生态补偿区域计划、欧盟的环境敏感地项目和英国的农业环境项目中都是依靠欧盟或者国家的纵向财政转移支付(杨欣等，2011)。德国是唯一将横向支付以法律形式固定下来的国家(赵玉山 等，2009)，它的横向支付则是由财政富裕州按统一标准拨给财政贫困州。

在我国目前的生态补偿中，纵向转移支付占主导地位而区域之间的横向转移支付微乎其微(孙新章 等，2006)。国家启动的“退耕还林、还草”“天然林保护”和“南水北调”工程等，都是采用纵向支付形式，横向支付仅在水权、排污权领域进行过试点。纵向财政转移支付虽然具有资金来源快的优点，但若缺乏市场运营机制和对农户的激励，项目运行的成效和持续性就会受到质疑（万军，2004）；加上我国地区经济发展不平衡、生态资源空间分布又不均衡，这决定了地方政府之间应该加强横向联系，更多的开展区域间的横向转移支付（余璐 等，2010）。

2.2　选择实验模型在农田生态补偿中的应用及研究进展

2.2.1　选择实验模型的理论基础

选择实验模型从 21 世纪开始逐步取代了条件价值评估法，逐步成为评价自然资源非市场价值最主流的方法。与条件价值评估法一样，选择实验模型也是建立在对受访个体进行调研的基础上，在条件价值评估法中需要的缺陷规避方法同样适用于选择实验模型。但是两者之间的主要区别在于向受访个体描述被评估对象的方式以及询价方式的差异。在选择实验模型中，受访者不再是对待估的环境资源物品变动给出一个单独的支付意愿，环境资源物品被描述成几种属性的组合体，受访者会在这些属性之间进行比较和意愿支付，这有利于决策者制定出更加有针对性的环境资源保护和管理政策（Mallawaarachchi et al.，2006）。

选择实验模型认为理性消费者会通过选择待估物品最优的属性及其水平组合来达到自身效用的最大化，消费者个人从某一选择方案中所获取的效用函数的具体形式可表达为

$$U_{in}=V_{in}(\boldsymbol{X},Y-C)+\varepsilon_{in} \tag{2.1}$$

式中：U_{in} 是消费者从待估物品中所获取的总效用，包括可观测效用 V_{in} 和误差部分 ε_{in}；$\boldsymbol{X}$ 为待估物品的属性向量；Y 为消费者个人收入水平；C 为消费者个人为改善待估自然资源状况所需要支付的成本费用。

当消费者面临同一个选择集中的几个选择方案时，理性个体通常会选择能给其带来最大效用的方案，即当选择集中同时存在改善方案 A、改善方案 B 和现状方案 S 时，消费者会选择方案 A，只要当其从方案 A 中获得的总效用大于其从同一个选择集中方案 B 和现状 S 中获得的效用时，理性消费者就会选择方案 A，具体的函数表达形式为

$$U_{i\mathrm{A}}(\boldsymbol{X},Y-C)>U_{i\mathrm{B}}(\boldsymbol{X},Y-C) \quad \text{且} \quad U_{i\mathrm{A}}(\boldsymbol{X},Y-C)>U_{i\mathrm{S}}(\boldsymbol{X},Y-C) \tag{2.2}$$

即

$$V_{i\mathrm{A}}(\boldsymbol{X},Y-C)+\varepsilon_{i\mathrm{A}}>V_{i\mathrm{B}}(\boldsymbol{X},Y-C)+\varepsilon_{in} \tag{2.3}$$

且

$$V_{in}(\boldsymbol{X},Y-C)+\varepsilon_{in}>V_{i\mathrm{S}}(\boldsymbol{X},Y-C)+\varepsilon_{in} \tag{2.4}$$

根据前期假设中对消费者偏好是属于同质性还是异质性分布以及 ε_{in} 所服从分布的假设

形式不同，对应采用的数据处理方式不同，可供选择的数据分析模型主要包括条件 Logit 模型、异质性条件 Logit 模型、多分类 Logit 模型、混合 Logit 模型和潜在分类模型。有关各模型的具体函数表达形式和求解步骤在本书后面具体的市民和农户对农田非市场价值的支付意愿测算时进行一一说明。

2.2.2 选择实验模型的研究进展

在选择实验模型出现之前，传统的条件价值评估法被广泛地用于环境资源的非市场价值评估，它通过创造一个假设的市场环境，通过让受访者在由环境物品的不同状态值之间进行选择来得到人们对某一环境物品的偏好(Aizaki et al.,2006)。条件价值评估法虽然能够快速、简单地给予复杂的环境物品一个单独的估计值，但是最早的条件价值评估法不能得到环境资源非市场价值所包含属性的具体价值。其在实践评估中存在 yea-saying (MacDonald,2011)在内的诸多偏差使得评估结果与真实值之间存在较大偏差，只能在其他非市场价值评估方法不可得的前提下，作为一种备用估算方法而存在。

选择实验法的出现使得这一问题得到解决，作为陈述偏好法的一种，选择实验法起源于 Louviere 和 Hensher 在 1982 年对于交通问题的研究(Louviere et al.,1982)，它与条件价值评估法有类似之处但又不尽相同，它通过设置一系列由相同属性的不同水平所组成的选择方案供消费者进行研究。在 1982 年之后的 20 年里，选择实验法被广泛运用于各类环境资源的非市场价值评估中(马爱慧 等，2012a；2012b；Hanley et al.,2006；James et al.,2003)。相较于条件价值评估法，选择实验法在以下方面取得了长足的进步：选择实验法可以让受访者面对多重相似但却有微小变动的不同属性组合状态，因此受访者为了避免做出自身相互矛盾的选择，必须加深对问卷和研究对象的更深层次理解，还可以避免条件价值法的假象偏差；此外，选择实验法不仅可获得受访者对具有非市场价值服务或者商品各属性的 WTP 及其相对重要性排序，还可获得多个属性同时变化时评估对象的价值变化信息，有助于政策调整(Louviere et al.,1983)，成为近 20 年来环境资源非市场价值评估的主流方法。在当前农田面积减少、质量降低、生态环境恶化和保护经费有限的前提下，不失为一种更好的非市场价值评估手段(Jin,2013)。但是因为它取决于受访者的自身判断，具有一定的主观性，在现实操作中需要通过问卷设置、调查员培训等一系列手段对其缺点加以改善和规避。

国外针对选择实验法的应用研究较为成熟，研究范围包括湿地保护、乡村景观治理、国家公园维护、野生动植物保护等环境资源的非市场价值评估(Nelson et al.,2008)。但是国外学者们针对选择实验法的应用呈现出一个动态的发展过程，最早运用选择实验法对自然资源非市场价值进行评估时，多假设消费者对环境资源的所有属性偏好都是同质的(Hole,2006)，具体操作时也多采用 Conditional/Multinomial Logit 模型求解(Burton et al.,2007；Hensher et al.,2005；Fausold et al.,1999；Loomis et al.,1998)。但每个人家庭背景和认知情况的不同，其对资源非市场价值的支付意愿偏好是不尽相同的，这种相似偏好的假设在某种程度上简化了计量运算的过程，但也使得计算的结果距离真实值产生一定的偏差(Hensher et al.,2003)。因此,在运用选择实验法对具备公共物品属性的资源的非市场价值进行考察时,需要将异质性纳入考量,计算机技术和计量经济学建模技术的发展为这种计算精度的改善提供了可能(Hole,2007)。数据处理时也开始逐步采用异质性条件 Logit 模型、潜在分类模型和混合 Logit 模型(Kragt et al.,2011;Ortega,2011;Kerr et al.,2010;McVittie et al.,2010;Rigby et al.,2008)来对消费者的这些异质性偏好进行解释。

国内对选择实验法的研究则处在起步阶段,近年来发展迅速,根据中国知网对“选择实验法”、“选择实验模型”等关键词的检索发现,国内分别有 32 篇和 11 篇与此相关,时间多在 2010 年以后,研究领域主要集中在废弃物处理、河流污染、食品安全、海域、湿地及耕地资源保护等几大自然环境领域(李京梅 等,2015;马爱慧 等,2013;Jin et al.,2013;樊辉 等,2013;陈竹,2012;马爱慧 等,2012a;2012b;敖长林 等,2012;韩洪云 等,2012;闻德美 等,2010;王尔大 等,2010;徐中民 等,2008; Wang et al.,2005)。但与国外相比,目前国内对于选择实验法的应用主要还是假设受访者偏好同质的前提下进行,处理方法也多采用条件或者多分类 Logit 模型求解,只有常向阳等(2014)在对消费者食品安全偏好的研究中,采用潜在分类模型将受访者划分成四种不同类型的消费者:健康偏好型、营养偏好型、安全偏好型和品牌偏好型。谭永忠等(2012)和鄂施璇(2014)在分别对浙江省德清县基本农田非市场价值和黑龙江省巴彦县的耕地资源非市场价值进行评估时,考虑了受访对象偏好的一致性,运用了混合 Logit 模型进行求解,研究结果发现受访农户对于耕地生态景观这一属性表现出了显著的异质性。

但是选择实验法仍面临诸多问题,如实验设计所产生的诸多选择项,受访个体会面对繁杂的问卷填写任务在内心产生一定的认知负担,特别是当受访者面对复杂、不熟悉的产品或服务时产生的认知负担以及需要在不同替代情形中做出选择时,这一问题更加明显(徐中民 等,2008)。需要在问卷设计和实践调研中通过更仔细地设计实验和选择更适合的计算模型,降低复杂性引起的选择不一致。

2.2.3 选择实验模型在农田生态补偿领域的应用评述及展望

农田作为一种不可再生的自然资源,其为人类社会提供了重要的经济、社会和环境方面的功能(Polyakov,2015;Jin et al.,2013)。其中的一些功能通常被人类以公共物品的形式进行消费,很难以价格或者价值的形式表达出来。农田非市场价值评估是农田保护和农田生态补偿的基础,也是选择实验法应用的重点领域之一(陈竹,2012;马爱慧,2011;Campbell,2007;Duke et al.,2004;Ozdemir,2003)。

由于国内外土地所有制及耕作规模的巨大差异,属性及其水平的选择方面差异较大。而居民平均受教育程度的差异又使得其对农田非市场价值的认知存在较大差异,因此选择集的设计也不具备参考价值。国内已有的运用选择实验法对农地资源进行研究的文献中,在属性个数及水平选择、选择集设计等具体的方法运用方面差异不大,具有较强的参考价值。已有文献的属性个数及水平选择、方法运用情况具体可总结见表 2.1。

表 2.1　选择实验模型在农田/耕地资源领域的应用案例

研究对象	作者	研究区域	时间	属性选择	样本数量	选择集设定	方法	户均年支付意愿/(元/年)
耕地生态补偿标准	马爱慧 等	湖北武汉	2010	耕地面积 耕地肥力 耕地景观	400	1*7*1	MNL	市民 247
农地外部效益	陈竹等	湖北武汉	2012	耕地 园地 林地 农村水面	300	1*4*1	MNL	市民 257.69
耕地非市场价值	鄂施璇	黑龙江巴彦县	2012	耕地面积 耕地肥力 粮食生产量 生态环境	360	3*5*2	MNL & ML	MNL 市民:146.32 农户:100.22 ML 市民:124.51 农户:62.76
农田非市场价值	谭永忠等	浙江德清	2010	水质 生物多样性 教育体验 粮食生产	300	5*5*1	MNL & ML	ML 市民:143.04 农户:27.47
耕地保护意愿	Jin	浙江温岭	2013	农田景观 农田设施 农田肥力	420	3*7*2	MNL	市民:23.79

从表 2.1 可知，农田/耕地作为一种人类生存和发展不可或缺的自然资源，会产生一系列的准公共物品。它们在河流水质、空气质量、生物多样性以及娱乐休憩方面的功能常被视作其非市场价值的具体表现。尽管农田质量与食品质量之间是否存在直接关系的论断还有待进一步验证(Lal，2001；Parr et al.，1992)，但农田面积和农田质量也常被选来作为农田非市场价值的属性而存在。

另外，表 2.1 中各文献虽然都采用的是选择实验法，但是各评估结果之间的差异较大，其中陈竹(2012)对武汉市农田非市场价值的支付意愿估算是 Jin(2013)对温岭市耕地保护支付意愿测算结果的近 10 倍，是鄂施璇(2012)对巴彦县耕地非市场价值估算结果的近 2 倍。评估结果差异较大的一个重要原因是处理数据所选择的方法不尽相同，马爱慧等(2010)、陈竹等(2012)、Jin(2013)都是运用 MNL 模型对居民或农户的支付意愿进行估算；陈佳(2011)、鄂施璇(2012)则在比较了多分类 Logit 模型和混合 Logit 模型后发现，前者只能测算出受访者的平均偏好，后者更能准确地衡量出消费者的异质性偏好。再者，问卷设计中，样本数量、选择集设置以及属性水平选择的不同都会导致最终估算结果的差异。具体来说，属性水平越多、选择集数量越多，所需要的样本数量就会越多，而在现实操作中出于降低受访者认知负担、提高受访者接受问卷访谈参与度的考量，选择集中多包含两个或者三个选择组合(Campell，2007)。多版本的问卷设计方式可以减少受访者所面临的选择集个数同时又不大幅降低收集数据的精度，因此被广泛采纳(Roger，2011)。最后调研时间和调研地点的差异也会使得计算结果产生偏差，调研时间的差异会使得货币面值随时间发生价值上的变化，而调研地点不同，受访者的收入水平和风土人情更是存在显著差异，会对最终的估算结果产生显著性的影响。

2.3　本章小结

农田生态补偿机制是协调生态环境保护和经济发展之间矛盾的有效手段，在农田盈余和赤字区之间搭建跨区域生态补偿的桥梁，通过转移支付等方式对承担了多于其自身发展需要的生态环境保护任务的相关利益主体进行经济补偿，可以减少农田保护对其经济发展带来的制约作用，还可以有效降低建设滥用农地现象的发生，得到了欧美等西方发达国家地广泛应用和良好评价。

相较于生态补偿已成为西方国家维护农田生态景观和调节农民收入的主流手段、并形成了完备的政策体系而言，我国的生态补偿还处于起步阶段，目前实践的领域仅限于农业和林业用地，农田领域的补偿相关利益群体及其关系还有待进一步明晰、补偿标准也有待提升、补偿方式也多以行政手段为主推进。因此，农田生态补偿研究仍缺乏可行的制度框架。表现为：①国内现有的生态补偿研究的研究重点还仍旧集中在对河流流域、湿地等资源领域，关于农田生态补偿机制设计的研究相对较少。②虽然农田资源非市场价值因为现实交易市场的缺失而难以得到一个准确的量化值，所有的估算结果只能接近真实值而无法达到真实值。但已有的农田生态补偿研究忽略了不同群体对于农田生态补偿方案偏好的异质性，所有受访者偏好是同质性的假设使得估计值与真实值之间的偏差较大，基于估算结果而得出的政策建议也有失偏颇。③跨区域农田生态补偿制度的缺失，如何使地方政府在农田保护和经济发展之间寻求平衡，农田生态补偿机制如何通过经济、政策和市场手段，实现生态补偿的区域公平和福利均衡仍有待研究。

农业生态补偿相关政策和制度虽然在欧美等地已实施 20 多年，且取得了良好的经济和社会成效，但都是在产权私有的前提下进行。因此，如何借鉴其成功模式与经验，并结合我国实际的政策背景和土地资源国情，转变当前的农田生态补偿的设计理念，设计出一个兼顾公平和效率的农田生态补偿机制，是当前农田生态补偿制度构建的重点。

综上所述，本书将从以下方面进行改进和创新：①从农田生态补偿各环节相关利益群体关系分析、农田生态补偿标准确定、农田生态补偿模式和方式选择、跨区域农田生态补偿资金转移核算出发，完整地构建一个农田生态补偿的研究框架；②计算农田非市场价值时，根据不同群体的异质性偏好，尝试将选择实验模型中的多种计量经济模型对市民和农户的异质性偏好进行比较，用拟合效果最好的模型进行估算；③将基于地方政府层面的区域内和区域间农田生态补偿资金转移支付额度进行核算。

第3章　农田生态补偿研究框架及相关群体关系分析

农田生态补偿作为政府再分配的一个环节，是政府协调各经济主体利益平衡的主要手段，其不仅是当前政府亟待研究的重要课题，也成为学术界极为关注的焦点。相关利益群体的准确界定是农田生态补偿工作推进的基础和前提，因此本章首先构建了农田生态补偿的研究框架，在研究框架确立的基础上，从研究框架的各个环节出发，分别对各环节参与主体的相关概念进行界定。

3.1　农田生态补偿研究框架

农田生态补偿研究框架的确立是分析参与农田生态补偿相关利益群体的基础。本书的研究框架按照农田非市场价值测算→农田生态补偿标准确立→受访者农田生态补偿模式和方式选择→区域农田生态补偿转移支付额度核算的思路进行。

具体来说，农田非市场价值的准确测度是农田生态补偿标准确立的前提，因此需要分别对市民和农户两大群体对农田非市场价值的支付意愿进行测度，分别对农户和市民的农田非市场价值偏好的异质性进行探讨，以求得到一个更符合现实情况的精确结果。紧接着，确立农田生态补偿标准，这一部分需要在对农田生态补偿的执行成本和农户农田发展受限损失额度分别进行测算的基础上进行。首先，从人力成本、场地成本和日常运行成本三个方面测算武汉市农田生态补偿政策的执行成本，结合实地调研数据和计量经济模型，分析计算目前已有的农田保护制度（以《基本农田保护条例》中规定的“九不准”为例）给武汉市农民农田发展受限带来的福利损失额度，得出基于市民支付意愿和农户受偿意愿的农田生态补偿标准。其次，对农田生态环境补偿城市模式偏好和方式选择进行研究，先从农田生态补偿城市模式（成都模式、佛山模式、苏州模式和上海模式）和补偿方式（现金补偿、实物补偿、技术补偿和政策补偿）两个方面依次归纳分析了市民和农户对其的选择情况，然后分别运用多分类 Logit 模型对影响市民和农户农田生态补偿模式偏好和方式选择的社会经济因素进行分析。最后，以武汉城市圈为例证，基于地方政府的视角，分别依据市民支付意愿和农户受偿意愿的农田生态补偿标准，计算出整个武汉城市圈所涉及的地方政府之间、地方政府与辖区内农户之间的农田生态补偿转移支付额度。具体的框架流程如图 3.1 所示。

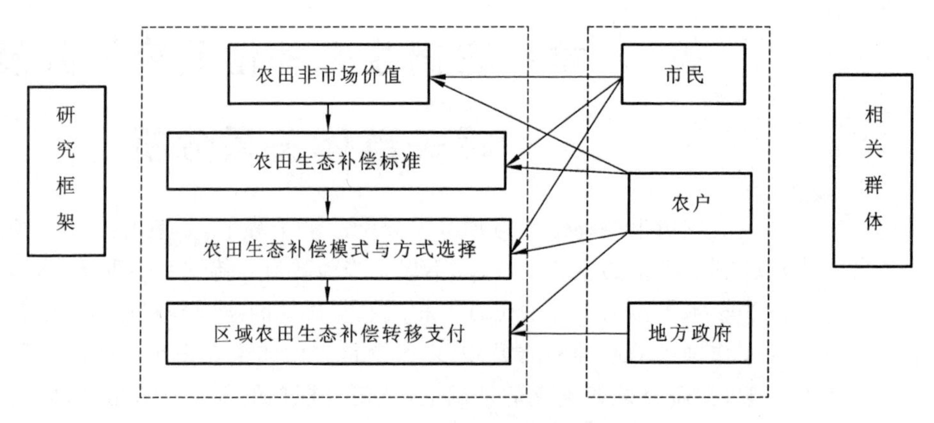

图 3.1 农田生态补偿研究框架

3.2 农田生态补偿相关利益群体关系分析

1984 年，Freeman 出版了《战略管理：利益相关者管理的分析方法》一书，明确提出了利益相关者管理理论（stakeholder analysis）。该理论最早是用于对企业管理中的相关利益群体进行分析，后来被广泛用于对各项经济活动中参与者之间的关系进行分析。Bennett（2008）曾将中国退耕还林的利益相关者界定为主要利益相关者、次要利益相关者和潜在利益相关者。本书中，为简化后续研究，在研究框架确定的基础上，对与农田生态补偿各环节有密切关系的利益群体进行概念界定和关系分析。具体来说，农田生态补偿每个环节所涉及相关利益群体的清晰界定是农田生态补偿工作推进的基础和前提，而不同文献中相关群体的利益界定不尽相同。

（1）微观层面。在土地私有制的西方国家，生态环境项目主要在土地所有权人（农户）和社会第三方独立机构或者具有购买权/实施权的公司之间展开。例如，美国的土地休耕计划、法国 Perrier Vittel S. A 公司的水源地购买计划、澳大利亚 Murray-Darling 流域的水分蒸发信贷案例和哥斯达黎加的森林生态补偿计划。根据杨欣 等（2012a；2012b）

的研究，国内农田生态补偿主要在政府和农户之间进行，因此，直接的相关群体只涉及农户和实施农田生态补偿政策的地方政府；而在蔡银莺等(2011a,2011b)的研究中，市民和农户分别作为环境友好型农产品的消费者和供给者，被认为是与农田生态补偿有直接利益关系的两大群体，"两退一还"的项目实施中，主要的直接利益群体为农户和地方政府；马爱慧(2011)则分析了农户、市民同时参与耕地生态补偿时的博弈关系。

(2) 宏观层面。杨欣 等(2013a;2013b)、刘春腊等(2010)、王女杰等(2010)认为我国非均衡的农田保护政策使地方政府面临发展机遇的不平等，因此，地方政府之间也存在利益相关关系。自身农田保护任务较少的地方政府应该向那些农田保护任务相对较多的地方政府进行横向的农田生态补偿资金转移支付。

更为复杂的情况是农户、市民、公司和地方政府都想参与农田生态补偿。但是，在我国土地所有权不属于个人，公司无法直接参与农田生态补偿。因此，最复杂的情况也只涉及农户与地方政府(或者第三方独立机构)之间、市民与地方政府(或者第三方独立机构)之间、地方政府与中央政府之间、地方政府与地方政府之间四方群体之间的四种关系。鉴于本书中对于农田生态补偿利益相关群体的概念涉及农户、市民和地方政府，且在补偿标准、补偿方式和模式、跨区域补偿中各利益相关群体的参与也不尽一致。因此，本书中农田生态补偿相关概念的界定是依据农田生态补偿框架，分别从农田非市场价值测算、补偿标准、补偿模式和方式、跨区域补偿四个环节出发，对各环节中相关利益群体进行具体的概念界定和关系分析。

3.2.1 农田非市场价值评估中的相关群体

作为全球三大生态系统之一，农田生态系统是一个人工与自然交织的系统，在全球生态系统服务的供给中发挥重要作用(Costanza et al.,1997)。农田生态系统提供的服务可分为四类：供应服务、调节服务、支撑服务和文化服务(马爱慧,2011)。这些功能按照其能否在市场交易中得到体现，可以将其分为市场价值和非市场价值。其中农田非市场价值因不能在现有市场中进行买卖而需要借助于非市场的评估技术来实现。市民和农户作为农田生态服务的消费者，愿意为参与农田非市场价值的存在而进行一定数额的金钱支付或者义务劳动，成为农田非市场价值测算的基础。具体的利益关系界定如图 3.2 所示。

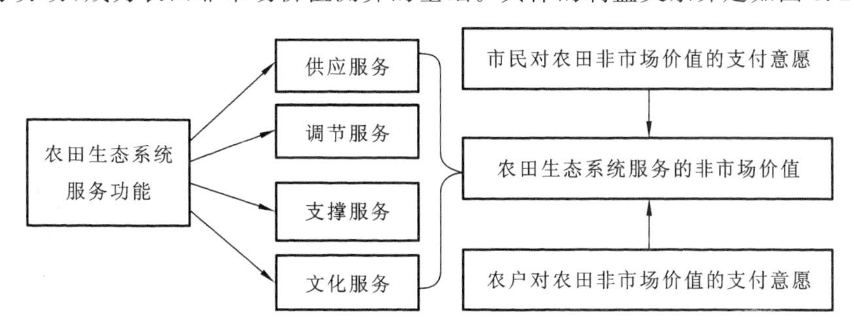

图 3.2 农田非市场价值评估中的相关利益群体

市民是农田生态服务的消费主体，作为典型的“理性经济人”，市民追求的是自身利益的最大化和成本支出的最小化，对于其所享受的农田生态服务这一公共物品不需付出任何的经济成本，不论其自身是否意识到，市民都成了“搭便车”的最大受益者。然而，现实中农田农用比较利益低下又不能得到足额补偿的前提下，农田生态系统退化的迹象逐渐明显，市民所能享受的农田生态服务水平降低。为避免陷入公地悲剧、持续享受农田生态服务，需要市民这一最大的受益群体对此进行一定的成本支付，用于维护农田非市场价值的不降低或对已降低地区的农田生态服务功能进行修复。

农户在农田生态服务中的身份是多重的。一方面，农户是农田保护的主体，是农田生态服务的提供者。另一方面，农户与市民一样，也是农田生态服务的消费者，偏好更好水平的农田生态服务，且多数愿意在农田生态系统服务功能退化的前提下，为保有这些非市场价值的生态服务的持续存在而进行一定金钱或者义务劳动支付。农户和市民的支付意愿共同组成了农田非市场价值测算的基础。

3.2.2 农田生态补偿标准测算中的相关群体

在市民和农户对农田非市场价值支付意愿确立的基础上，根据农田生态补偿的执行成本和农户农田发展受限的损失额度，分别确立基于市民支付意愿和农户受偿意愿的农田生态补偿标准。中间涉及的相关利益群体主要包括地方政府、市民和农户，其中地方政府主要存在于农田生态补偿执行成本这一环节中，市民和农户则分别作为农田生态补偿标准的供给方和受益方而存在。具体的逻辑关系如图 3.3 所示。

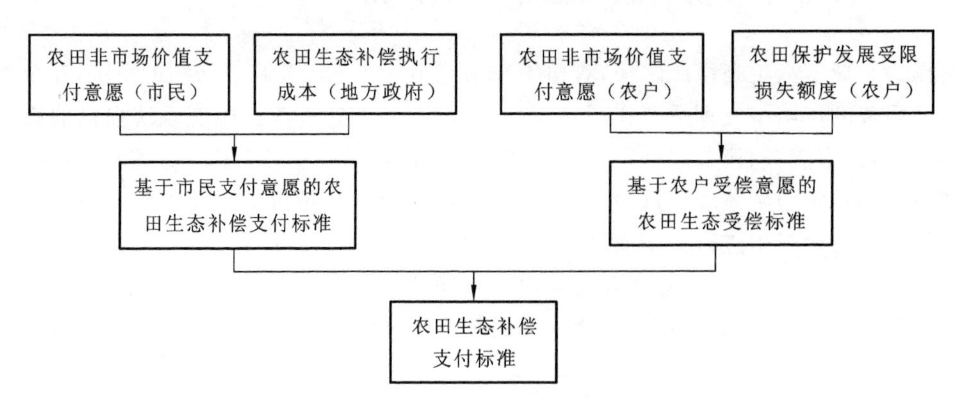

图 3.3 农田生态补偿标准测算中的利益相关群体

市民与农户分别作为农田非市场价值的供给者和接受者，但是其并不直接发生交易，交易通常借助第三方（地方政府）来实现。其中市民作为农田生态服务功能的主要受益者，其通过纳税或者捐赠的方式所表达的支付意愿是农田生态补偿资金的主要来源。地方政府作为农田生态补偿实施的主要供给方，其结合市民的农田生态补偿资金供给、财政收入等资金进行农田生态补偿实施工作时需要进行一定的人力成本、场地成本和日常维护成本支出，应予以扣除。

农户是农村土地承包经营权的实际经营者和使用者，是农业产品和农田生态服务的供应者。现实中，农民在农田边际收益低下、农地非农流转的权利又被政府严格控制的前提下，对农田投入了巨大的生产资料和劳动时间，期望从农田中获取到最大的农业经济价值。然而，农田生态系统作为一个持续性流动的、超越行政边界而存在的生态系统，其净化空气、调节气候和提供开敞的农田生态景观等非市场价值被全体社会成员无偿“享受”。因此，无论农民自身自知与否，农户承担了农田保护的具体责任却没有得到与其责任相对等的收益，遭受了巨大的经济损失。因此，农户在农田保护过程中承受的经济损失，需要得到农田生态补偿。

3.2.3　农田生态补偿模式偏好与方式选择中的相关群体

随着国家对农田生态环境的重视和人类对农田生态产品需求的不断增长，农田补偿制度开始逐步在我国颁布的一些重要文件和出台的政策中得到体现。一些财政实力充裕、经济发达的城市和地区，也积极探索农田保护经济补偿或生态补偿的实践。例如，四川省的成都市、广东省的佛山市、江苏省的苏州市及上海市的闵行区等，因其在国内做出的率先示范而备受政府和学者的关注，本书将其分别简称为成都模式、佛山模式、苏州模式和上海模式。此外，本书也对供给者和消费者对农田生态补偿具体实施时所应采用的补偿方式进行偏好分析，依据我国农田生态补偿主要依靠行政力量进行推进的现状，本书采用中国生态补偿机制与政策研究课题组(2007)关于农田生态补偿方式划分办法，将农田生态补偿方式划分为现金补偿、实物补偿、政策补偿和智力补偿四种方式。

在农田生态补偿的具体操作中，农户和市民作为农田生态补偿中补偿资金的接受者和提供者，通过合适的方式和渠道将其对农田生态补偿的支付意愿转移给政府或其他独立的社会第三方，地方政府经过资金整合及多方意见筹集后，以最受农户欢迎的形式发放。具体的技术路线如图3.4所示。

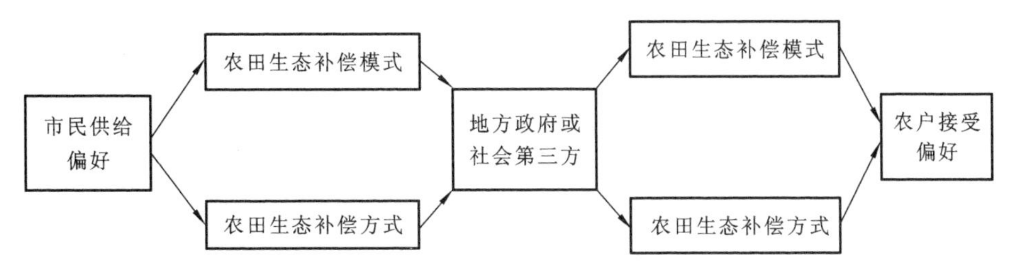

图3.4　农田生态补偿模式和方式选择的利益相关群体

市民作为农田生态补偿资金的提供者，对其偏好的行为动机进行分析有利于政府或者独立的第三方筹集到更多的农田生态补偿资金，也可为政府决策人设计出更适合武汉市的农田生态补偿操作办法提供基础性的建议；另一方面可以对其所支付的农田生态补偿资金起到一定的监督作用，进而提高农田生态补偿工作的效率。

农户作为农田生态保护的直接执行者和生态补偿资金的直接受偿者，其意愿和偏好可能更重要，对农田生态补偿各种城市模式和补偿方式的偏好直接关系到农田生态补偿工作的成效。以上这些都可以为政府决策提供基础性的参考信息，以求社会第三方（地方政府）在更全面地了解其他城市模式操作优缺点和不同社会群体的意见的基础上制定出更合理的、符合现实情况的农田生态补偿的操作模式和补偿方式。

3.2.4 区域农田生态补偿相关群体界定

目前我国公共产品供给体系的维护和管控中，行政通道仍然借助于委托代理实现，中央政府和各级地方政府之间便处于一种委托代理关系中（赵祥，2006）。在区域农田生态补偿领域，研究的内容主要包括地方政府之间的农田生态补偿和地方政府内部的农田生态补偿，涉及的相关利益群体主要包括中央政府或者社会第三方、处于不同农田生态盈亏状态的地方政府、农田保护的主体农户。具体涉及的各利益主体如图 3.5 所示。

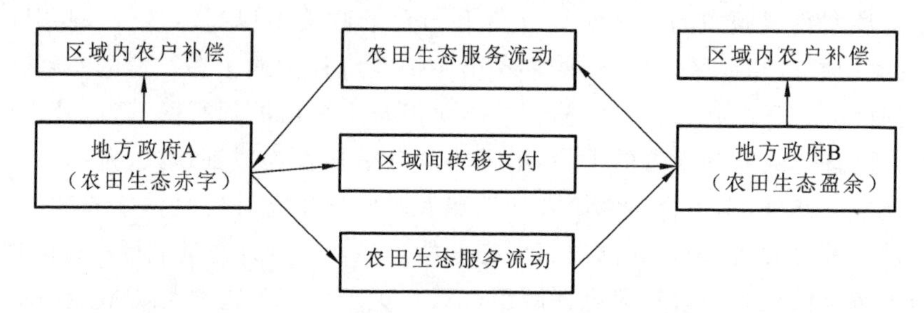

图 3.5 地方政府之间农田生态资金转移分析

1. 地方政府之间的利益关系界定

我国已有的农田保护政策使得地方政府在农田生态补偿中的身份既重要又微妙。一方面，经济增长是中央政府考核地方政府的主要指标，农业用地与城市用地在边际产出上的经济差异鼓励了地方政府的农地非农用的行为。另一方面，根据中央政府实施的主体功能区规划，农田分布较多的地区多被划分到了限制开发区和禁止开发区。不均衡的土地管理制度使得经济欠发达、农田分布地多的地区承担了多于其自身发展所需要的农田保护责任。区域内耕地分布较多的地区承担了较多农田保护的责任，错失了将农地这一边际经济收益较低的土地用途转为边际经济收益相对较高的建设用地的机会，在城镇化进程中承受了巨大的经济损失，遭受福利"暴损"；区域内农田分布较少的地方则恰恰相反，反而因为农田资源提供生态社会效益的跨区域性特征，无偿获取周围地区的农田生态服务，获取福利"暴增"。农田资源在某种程度上成为经济发展的"诅咒"型资源。因此，达到帕累托改善的唯一条件是"暴损"地区接受的横向财政转移支付高于其保护农田所付出的成本。跨区域的生态补偿机制是协调区域生态环境保护和经济发展之间矛盾的有效手段，将过去未考虑与无偿的生态环境受损的外部成本内部化，通过地方政府之间的资金转移支付对农田保护任务较重的地方政府进行经济补偿，从而促进自然资本或生态服务功能增值。但这种转移支付有时需要独立的社会第三方或者更高一级政府(中央政府)，发挥有效的监督作用，方可使得博弈均衡持续下去。

2. 地方政府与农户之间的利益关系界定

与中央政府一样，地方政府也需要考虑辖区内基层组织和民众对其执政的满意度。从地区农田保护的目标中获取社会以及农田生态系统的稳定，同时，地方政府作为相对独立的理性经济单元，和农户一样，都在追求自身利益的最大化。对于地方政府来说，当不给予农户经济补偿时，农业种植经济收益低下是造成农民农田保护工作积极性较低的首要原因。因为农户基于理性经济人视角，在进行投入—产出分析后必然会放弃经济效益低下的农田耕种行为。因此，地方政府出于自身执政目标的考虑，需要对农田保护主体——农户进行一定的经济补偿，以帮助其完成目标。因此双方取得博弈均衡的条件是地方政府以低于其被上级政府处罚额度的成本对农户进行农田生态补偿，而农户以获取高于其农田保护经济损失的额度维持其农田保护行为。

3.3 本章小结

在中央政府和地方政府关于农田保护的博弈中，两方并不是同时采取行动，一般是中央政府先行动，地方政府再行动，农户最后行动。但同时，这并不是一个封闭的体制，地方政府和农户的行动结果也会通过反馈机制作用于中央政府，促使其进行政策改进。中央政府先给出针对地方政府和农户的农田生态补偿政策供给，地方政府再选择是否保护农地，当地方政府选择保护农地时，农户选择是否进行农田保护；当市民选择支付农田生态补偿时，农户选择是否进行农田保护。博弈模型的均衡结果和中央政府的制度政策供给、消费者能否进行支付直接相关。

本书在对各方的利益进行分析之后发现，只有建立全方位的农田保护机制：中央政府改革政绩考核制度，调整农业生态补偿政策、地方政府之间建立横向财政转移支付体系、市民向农户进行生态补偿支付时，才能使农户对农田进行有效的保护和利用，社会整体福利和成员福利才能得到改进。

第4章 研究方法、问卷设计与抽样调查

4.1 研究方法

4.1.1 简单条件 Logit 模型

简单条件 Logit 模型(simple conditional logit,SCL)起源于 Lancaster(1966)的随机效用模型,该理论假设所有的物品都可以通过其内在的几种属性来表达,消费者从物品获取的效用高低可以用这些属性的不同水平的不同组合进行表述(Bateman et al.,2004)。理性人了解自身的偏好并以此为基础来决定其某项物品购买活动的发生与否。一般来说,理性人从某项物品中获取的效用可以表达为

$$U_{ij}=V_{jn}(\boldsymbol{X},S)+\varepsilon_{jn} \tag{4.1}$$

式中:U_{ij} 是消费者 i 从方案 j 中所获取的总效用,包括非市场价值属性向量 $\boldsymbol{X}$ 和受访者社会经济特征 S;V_{jn} 是总效用中可观测部分的效用;ε_{jn} 则是总效用中不可观测效用部分,即随机误差项。

理性受访者对各种组合方案的选择基于方案对其带来的效用大小,当从方案 j 中获取的总效用(U_{jn})大于其从方案 k 中获取的总效用(U_{kn})时,就会选择方案 j,受访者从 n 个方案中选择 j 方案的概率(P_{jn})(j/C_n)具体表达为

$$P_{jn}(j/C_n)=P(U_{jn}>U_{kn})=P(V_{jn}+\varepsilon_{jn}>V_{kn}+\varepsilon_{kn}) \tag{4.2}$$

随机误差项的存在使得效用无法准确预测,此时 j 方案被选择的概率 P_{jn} 可以表达为

$$P_{jn} = \frac{\exp(\lambda V_{jn})}{\sum_n \exp(\lambda V_{jn})} \tag{4.3}$$

由于假设所有个体都服从标准正态分布，因此 $\lambda=1$。j 方案被选择的概率（P_{jn}）可简化为

$$P_{jn} = \frac{\exp V_{jn}}{\sum_n \exp V_{jn}} \tag{4.4}$$

在简单条件 Logit 模型中，只有属性变量被带入公式计算，则受访者从方案 j 中获取的整体效用（V_{jn}）可表示为

$$V_{jn} = \text{ASC} + \sum_i \beta_i Z_i \tag{4.5}$$

式中：Z_i 为属性特征；β_i 为属性的估计系数；ASC 为常数项。在本书的研究中，Z_i 为农田非市场价值属性，依次为农田面积、农田肥力、水质、空气质量、生物多样性和娱乐休憩价值（Farma，Farmf，Airg，Waterg，Species，Recw）；β_i（$i=1,2,\cdots,6$）为六个属性的估计系数；ASC 依旧为常数项；Cost 为支付成本；β_7 为其对应系数。表达式为

$$\begin{aligned} V_{jn} = {} & \text{ASC} + \beta_1 \times \text{Farma} + \beta_2 \times \text{Farmf} + \beta_3 \times \text{Airq} + \beta_4 \times \text{Waterq} \\ & + \beta_5 \times \text{Species} + \beta_6 \times \text{Recv} + \beta_7 \times \text{Cost} \end{aligned} \tag{4.6}$$

受访者农田非市场价值的各属性的支付意愿

$$\text{WTP}_i = \frac{\beta_i}{\beta_7} \quad (i=1,2,\cdots 6) \tag{4.7}$$

式中：WTP_i 分别为农田面积、农田肥力、水质、空气质量、物种多样性和娱乐休憩的支付意愿；β_i 为上述六个属性的系数；β_7 为支付意愿的系数。

各个属性组合方案的价值（CS）可用初始效用状态偏好 $\left(\frac{1}{\beta_r}\ln\sum_i \exp V^0\right)$ 与最终效用状态偏好 $\left(\frac{1}{\beta_r}\ln\sum_i \exp V^1\right)$ 的差异表示：

$$\text{CS} = -\frac{1}{\beta_r}\left|\ln\sum_i \exp V^0 - \ln\sum_i \exp V^1\right| \tag{4.8}$$

4.1.2 全部条件 Logit 模型

在全部条件 Logit 模型（full conditional logit，FCL）里，仍假设所有个体都服从标准正态分布，因此，依旧有公式（4.3）中的 $\lambda=1$。然而，效用函数里不仅包含了农田非市场价值的七个属性，还包含了受访市民对农田非市场价值的认知和保有情况，以及受访者的基本信息。一方面可以验证受访者的回答是其真实意愿的反应，而非只是随机回答（Burton et al.，2007）；另一方面，这些基本信息可以使得受访者支付意愿的估算更为精确。

当加入受访者的基本社会经济特征变量后，受访者的整体效用函数则由公式（4.5）变为

$$V_{jn} = \text{ASC} + \sum_i \beta_i Z_i + \sum_m \boldsymbol{\alpha}_m S_m \tag{4.9}$$

式中：Z_i 为农田非市场价值属性特征；β_i 为六个属性的估计系数；S_m 为受访者的社会经济特征；$\boldsymbol{\alpha}_m$ 为它们的对应系数矩阵；ASC 为常数项；其余变量含义参照 4.1.1 简单条件 Logit 模型。在简单条件 Logit 模型中，当属性变量被带入公式计算，受访者从方案 j 中获取的效用(V_{jn}) 可以表达为

$$V_{jn} = \text{ASC} + \beta_1 \times \text{Farma} + \beta_2 \times \text{Farmf} + \beta_3 \times \text{Airq} + \times \text{Waterq} + \beta_5 \times \text{Species} + \beta_6 \times \text{Recv} + \beta_7 \times \text{Cost} + \sum \text{ASC} \times S_m + \sum_m \boldsymbol{\alpha}_m S_m \tag{4.10}$$

相应的，受访者农田非市场价值各属性的支付意愿的求解公式则由公式(4.7) 变为

$$\text{WTP}_i = \frac{\beta_i}{\beta_7} \quad (i = 1,2,\cdots 6) \tag{4.11}$$

4.1.3　异质性条件 Logit 模型

异质性条件 Logit 模型(heteroscedastic conditional logit，HCL) 是异方差版本的条件 Logit 模型，也被称作是异方差化的多项 Logit 模型(Hensher et al.，2005) 和异方差 Logit 模型(Hole，2006；DeShazo et al.，2002)。

异方差条件 Logit 模型可以测出误差方差与一系列个体特征之间的关系，它可以检测出受访者之间的异质性偏好是否存在以及哪些个人特征可能会从整体上影响误差方差的大小，具体参见 Hole 在 2006 年的文章(Hole，2006)。因此，最大似然函数的表达式变为

$$\ln L = \sum_i \sum_j \sum_n d_{ijn} \ln(P_{ijn}) \tag{4.12}$$

式中：d_{ijn} 是名义变量(如果被选择，则 $d_{ijn} = 1$，否则为 0)。

在条件 Logit 模型中，某一方案被选择的概率可以表达为

$$P_{jn} = \frac{\exp(\lambda V_{jn}\theta)}{\sum_n \exp(\lambda V_{jn}\theta)} \tag{4.13}$$

在异质性条件 Logit 模型中，若个体偏好的同质性限制被打破，规模参数 λ 不再服从 0～1 分布，而是一组受社会经济特征影响的向量($\boldsymbol{S}$)，可以表示为 i. e. $\lambda = \exp(\delta S)$。可以更好地实现对受访者的偏好的模拟和测算，规模参数(λ)和方差(σ^2)之间具体的函数关系可以表达为

$$\lambda = \frac{\pi}{\sqrt{6\sigma^2}} \tag{4.14}$$

4.1.4　混合 Logit 模型

混合 Logit 模型(mixed logit，ML)也称作随机参数 Logit 模型或包含误差项的 Logit 模型，它同样起源于 Lancaster(1966)随机效用理论。但是，它放开了条件模型中要求所

有个体均服从独立不相关的假设(independence from irrelevant alternatives,IIA),即不同选项间是具有独立性的。计算机技术的发展推动了混合 Logit 模型在实践中的应用,基于:①彻底摆脱了独立不相关的假设束缚,允许不同选择项的交叉弹性不等的现状;②可以捕捉到选择项的不可观测效用,可以体现决策者的偏好特点;③混合 Logit 模型能够趋近于任何其他随机效用模型,是所有 Logit 模型的一般形式。

因此,在混合 Logit 模型中,个人的效用模型增加了误差项,具体包含函数固定效用、随机效用和误差项三部分,因此个人效用(U_{njt})表达为

$$U_{njt}=\beta_n X_{njt}+\eta_{njt}+\delta_{njt} \tag{4.15}$$

式中:X_{njt} 为受访者 n 从第 t 个选择集中的第 j 个方案;β_n 为一组受访者个人社会经济变量相关的系数。效用函数增加了误差部分误差项 δ_{njt},使得混合 Logit 模型与其他 Logit 模型区分开,它允许选择项之间存在相关性,同时可以满足个体之间的不同质,这也是混合 Logit 模型解决 IIA 假设问题的关键之处(Rigby et al.,2008)。

X_{njt} 是各选择方案中的属性变量,β_{njt} 为这些属性变量的系数。则式(4.15)的密度分布函数可以表达为 $f(\beta/\theta)$,θ 是其参数,服从正态分布,其可以服从正态分布、对数正态分布等多种形式。其中 Hole(2007)在 Stata 所编写的 mixlogit 中,求仿真的最大似然函数时假设各系数服从正态分布,此时的 θ 可以通过均值 μ 和标准差 σ 来表示。这可以解释为什么多项 Logit 模型和嵌套 Logit 模型只有 β 一个待估参数,而混合 Logit 模型则多出均值 μ 和标准差 S 这两个参数。

受访者 i 从总数为 n 的选择集中,在第 t 个选择集中选择 j 方案的概率与 β_{njt} 之间的函数关系可以表达为

$$L_{nit}(\beta_n)=\frac{\exp(\beta_n X_{njt})}{\sum_{j=1}^{i}\exp(\beta_n' X_{njt})} \tag{4.16}$$

基于混合 Logit 模型的概率函数为非封闭型,其模型积分并没有固定的形式,因此,必须通过仿真模拟来实现,那么仿真构造出的似然函数与 β_n 之间的关系可以表达为

$$S_n(\beta_n)=\prod_{t=1}^{T}L_{ni(n,t)t}(\beta_n) \tag{4.17}$$

式中:$L_{ni(n,t)t}$ 是待估参数为 β 的多项 Logit 模型概率。

混合 Logit 模型概率函数为多项 Logit 模型在其密度函数上的积分形式,可以表示为

$$P_n(\theta)=\int S_n(\beta)f(\beta/\theta)\mathrm{d}\beta \tag{4.18}$$

对数最大似然估计公式可以表达为

$$\mathrm{LL}(\theta)=\sum_{i=1}^{N}\ln P_n(\theta) \tag{4.19}$$

但是上述方程无法直接求解,需要借助 Train 在 2003 年的仿真方法(Train,1998),仿真时的最大似然估计可以表达为公式(4.20)

$$\mathrm{SLL}(\theta)=\sum_{i=1}^{N}\ln\left\{\frac{1}{R}\sum_{r=1}^{R}S_i(\beta^r)\right\} \tag{4.20}$$

式中：R 是重复试验的次数。根据 Hole(2007)编写的 Stata 上的 mixed logit 模型程序，默认的迭代次数为 50，但现实中为了得出稳定的显著性结果，会加大重复试验的次数。尽管理论上每个属性变量都有可能服从随机分布，但是在现实中不具有可行性的。

一个属性变量从服从固定效应到随机效应的转变，就会使得程序的运算量呈现出指数形式的增加(Hensher et al.,2005)，所有属性变量均假设为服从随机效应，则对计算机运算速度要求较高，运算时间也随之增加。为了在不降低结果准确性的前提下，逐步回归(stepwise regression)被引入模型以简化测算。

另外，在应用混合 Logit 模型解决受访者的支付意愿时，支付意愿的高低不再简单的是非价格属性与价格属性参数的比值，而是两参数所服从的随机效用函数的比值(Hensher et al.,2005)，具体的函数形式可以表达为

$$\mathrm{WTP}_i = \frac{f(\beta_1)}{f(\beta_7)} \quad (i=1,2,\cdots,6) \tag{4.21}$$

式中：WTP_i 依然分别为农田面积、农田肥力、水质、空气质量、物种多样性和娱乐休憩的支付意愿；β_i 则为上述六个属性的系数；β_7 为支付意愿的系数。

数据应用 Hole 在 2007 年编写的 Stata 模型中 mixlogit (Hole,2007)的命令，得到如表 4.1 的结果。在初始的混合 Logit 模型中，只考虑哪些变量服从随机效应分布，哪些变量服从固定效应分布。如果变量服从显著地固定效应分布，则表示受访者对该属性变量的偏好表现出明显的同质性，结果的现实解读与条件 Logit 模型相同；如果显著地服从随机效应分布，则此时的均值并不能如实地反映出受访者的偏好，因为不同受访者之间的偏好是有差异的，甚至有可能是相悖的，综合作用之后得出的平均系数不具备现实揭示性，这就解释了为什么服从随机效应的属性变量需要用均值 μ 和标准差 S 这两个参数进行共同解释。

表 4.1 农田非市场价值属性及其水平

属性	属性描述	属性水平	编号
农田面积	农田面积下降程度	非常严重，比较严重，一般严重，轻微严重	Farma_4,3,2,1
农田肥力	农田土壤地力	四，三，二，一	Farmf_4,3,2,1
河流水质	河流断面三类及以上水质比例	0,75,80,85	Waterq_70,75,80,85
空气质量	描述空气质量状况	四，三，二，一	Airq_4,3,2,1
生物多样性	植物和动物数量	2500,2505,2510,2515	Species_2.500,2505,2510,2515
娱乐休憩	农业景观和旅游休闲(元)	￥5000,￥5500,￥6000,￥6500	Recv_5000,5500,6000,6500
支付意愿	每年每户愿意支付多少元	0,50,100,150,200	Cost

4.1.5　混合自相关 Logit 模型

尽管属性变量之间最初被假设为独立不相关，但为了降低呈现在受访者面前的选择集的数量、简化选择任务和访谈时间，局部的而非全部的正交试验设计被引入问卷设计中，这样虽然简化了纷繁复杂的数据处理过程，但是各个属性之间可能存在的相关性从理论上并没有得到根本上解决。因此，在混合自相关 Logit 模型（mixed logit with corr，ML with Corr）中，各属性变量之间的相关性被纳入考量之后，相应的，在 Stata 对应的程序中需要对模型做出适当修改，即添加 Corr 命令（Hole，2007）。模型其他部分的解释与混合 Logit 模型的解释完全相同，也是从均值和方差两个方面对受访者的异质性进行解释。

4.1.6　多分类 Logit 模型

已有的文献在研究受访者对诸多农田生态补偿方式中，多采用二分类的单变量的 Logit 模型就受访者对某一特定方式偏好与否进行分析（杨欣 等，2012a；2012b），该方法不适合当多种方式展示给受访者，让其在多种方式中选择一种最偏好的方式的研究（Castro et al.，2013；Kurttila et al.，2001）。而在本书中，所有的受访市民都要求在已有的现金补偿、实物补偿、智力补偿和政策补偿四种方式中选择自己最偏好的一种。事实上，针对无序多分类因变量的回归分析，可以以二分类 Logit 模型为基础，将之扩展为无序多分类变量的相关模型。

多分类 Logit 模型（multi-nomial logit model，MNL）事实上是将二分类 Logit 模型进行扩展，对多分类因变量进行分析的一种回归模型。其在参数估计、假设检验、模型比较及回归系数解释上都与二分类 Logit 模型相同。它的具体特点表现如下。

（1）是一种可以处理 K 种分类因变量的 Logit 模型；

（2）是一种把二分类 Logit 模型一般化（generalized）的统计模型；

（3）在面对 J 种分类因变量时，多分类模型首先是运算 $J-1$ 个彼此独立的 logits 函数，再由这 $J-1$ 个函数计算其相对的回归系数。也就是说，多分类模型的回归系数就是由 $J-1$ 个二分类的 logits 计算得来的。

多分类 Logit 模型的出现使得用一个模型研究对多个群体的选择偏好及其影响因素的测算成为可能（Briz et al.，2009）。为了写出最大似然函数，首先需要对因变量进行定义，本书中因变量为农田生态补偿四个城市（苏州、上海、佛山、成都）的补偿模式和四种方式（现金、实物、技术、政策），因此，因变量可以定义为 $Y=j$（$j=1,\cdots,4$，其中 $j=1$ 表示苏州模式，$j=2$ 表示成都模式，$j=3$ 为佛山模式，$j=4$ 代表上海模式，）。其次，定义一个指示变量 d_{ij}，如果第 i 个人选择了第 j 种模式，则 $d_{ij}=1$，否则为 0。极大似然函数可以表达为

$$\ln L = \sum_j \sum_i d_{ij} \ln Pr(y_i = j) \tag{4.22}$$

第i个受访者选择第j种农田生态补偿方模式的概率则为

$$Pr(y_i = j) = \frac{\exp(\beta_j x_t)}{1 + \sum \beta_j x_t} \tag{4.23}$$

并且要满足

$$Pr(y_i=1)+Pr(y_i=2)+Pr(y_i=3)+Pr(y_i=4)=1 \tag{4.24}$$

为了使模型更加完善，我们还需要定义一个自变量向量$\boldsymbol{x}_t$，用于表示一系列可能会对受访个体选择各补偿模式的受访者自身的社会经济特征或者认知态。需要特别注意的是，多分类 Logit 模型运行的结果中，参数是以发生比的形式(odds)出现的，也可以称为边际效应(marginal effects)，具体的数学表达函数形式如下所示

$$\varphi_{m|n}(\boldsymbol{x}_t)=\frac{Pr(y_j=m)}{Pr(y_i=n)}=\frac{\exp(\beta_m x_t)}{\exp(\beta_n x_t)}=\exp(\beta_m-\beta_n)x_t, m,n\in j, m\neq n \tag{4.25}$$

式中：$\varphi_{m|n}(x_t)$可以解读为概率的比值，例如：自变量每增加一个单位时，受访者i选择第j种农田生态补偿方式的概率变动值。

受访者对于四种农田生态补偿方式的选择也是如此，在补偿方式的选择中，$Y=j$ ($j=1,\cdots,4$, $j=1$表示现金补偿，$j=2$表示实物补偿，$j=3$为技术补偿，$j=4$代表政策补偿)，其他影响其补偿方式选择的因素和模型运算结果解读都是类似的。

4.2 问卷设计

4.2.1 问卷内容

问卷顺序的确立对于调研结果具有一定的影响，好的调研问题顺序的设置可以帮助受访者循序渐进地了解问卷的主旨内容并做出能够反映出自身真实偏好和意愿的选择。问卷内容主要包括三个部分：①市民对农田非市场价值的认知情况，采用李克特量表(Likert scale)的形式具体调查农户对农田面积、农田肥力、河流水质、空气质量、生物多样性和娱乐休憩价值等六个农田属性的重要程度认知。②市民对农田非市场价值方案的选择情况。在调查中，为了避免问卷访谈时间过长出现的厌烦情绪对问卷质量产生不良影响，市民选择实验模型产生的14个选择集被平均分配在两个版本的问卷中，其中每个版本均包括7个选择集。每个受访市民需要连续做出7次选择，每次选择时需要从每个选择集中的三个方案中选择出自己最偏好的方案，即现状 S(Status Quo)、改善方案 A 和改善方案 B。③受访者的基本信息，包括市民的基本信息和其对农业生产物质施用量的认知态度，主要涵盖性别、年龄、受教育程度、家庭结果、年收入、户主对农药与化肥等农业生产物质是否施用过量的感知程度、是否赞成农业生态补偿政策等。

农户问卷相比市民问卷的内容略有变化，在保留市民问卷相应内容的基础上，还增加了两部分内容。保留部分具体包括：①受访农户对农田非市场价值的认知情况，采用李克特量表(Likert scale)的形式具体调查农户对农田面积、农田肥力、河流水质、空气质量、生物多样性和娱乐休憩价值等六个农田属性的重要程度认知相同外；②在农户对农田非市场价值方案的选择情况中，考虑到农户平均文化程度低于市民，基础认知知识和信息接受能力也都低于市民，因此，农户问卷的版本设置同市民相比，进行了稍微调整。选择实验模型产生的20个选择集被平均分配在四个版本的问卷中，其中每个版本均包括5个选择集。每个选择集里，农户与市民一样，也是从三个方案中选择出自己最偏好的方案，即现状S、改善方案A和改善方案B。③受访农户的基本信息，包括性别、年龄、受教育程度、家庭结构、年收入、户主对农药与化肥等农业生产物质是否施用过量的感知程度、是否赞成农业生态补偿政策、农业生产经验、家庭人口及家庭农业收入等信息。增加的内容主要包括④和⑤两部分。具体为：④农民对基本农田保护的认知情况，主要包括农户对基本农田保护的相关概念的理解，及其对基本农田保护的主观态度，揭示农民对基本农田保护的认知状况。⑤规划管制给农民带来的可能限制损失分析，根据基本农田保护条例规定的“九不准”，询问这些规定是否对农户造成经济损失，若是，则询问其认为应该得到的补偿额度。

4.2.2 选择实验模型问卷设计

本书采用选择实验(choice experiment，CE)方法来测算支付意愿。基本过程为：首先，设置不同的选择集以供受访者选择，每个可供选择的选项是由具有差异的不同属性水平组成，在所有属性之中，必须包含一个货币价值属性来代表改变目前状况所需支付的费用。因此，个体做出选择以后，实际上做出了属性之间的权衡，模型也就能够获得个体对该商品不同属性偏好的信息。其次，通过多种Logit模型，即可确定不同属性组合下选择集的福利价值和各属性的边际价值。

1. 属性选择

属性选择是选择实验模型的第一步，合适的属性选择必须在充分表达信息的同时又不失简洁性。本书基于既能全部囊括又互不包含的角度，在总结前人文献(马爱慧 等，2013；马爱慧，2012a；Jin，2013；Wang et al.，2007；Mallawaarachchi，2001；Ottensmann，1977)和咨询中外专家意见的基础上，结合武汉市实地情况，认为以下六个属性可以在一定程度上代表中央政府所追求的、地方政府所承担的、农民所无偿提供的、市民所无偿享用的农田非市场价值：农田面积、农田肥力、河流水质、空气质量、生物多样性、娱乐休憩价值，外加支付价格属性。非市场价值的各属性设置的具体含义表述如下。

农田面积是指当前武汉市的农田面积。农田的非市场价值功能与农田面积的大小息息相关，是一个反应农田非市场价值高低的综合指标。随着城市化进程的加快，武汉市农田面积在过去的15年中以平均每年0.9%的速度递减,对整个农田生态系统的结构稳定和生态服务功能产生了显著影响。

农田肥力的高低是农田非市场价值的另一个重要指标,肥力高的农田可以提供更多、更高质量的农田生态服务。现实中,武汉市坐落于全国重要的粮棉油生产基地——江汉平原,其因气候条件良好、土地肥沃而著称。然而,一方面,城市化进程的加快不仅使得大量优质农田被占用,未被占用的农田也被建筑垃圾、挖沙取土以及乡镇企业的废水废渣所破坏。严格的农田管制措施缺失再加上农田的比较利益低下使得农民为了追求经济产出的最大化,在耕作中过量的农药、化肥和农膜被广泛施用;另一方面,部分农田由于经济产出过低而被抛荒,造成了农田资源的严重浪费。

河流水质是指城市主要河流纵断面水质达到三类以上水质的比例。农田生态系统在防止水土流失、进行废弃物的自净和处理,在防止河流水质变差有一定的功效(谢高地等,2003),因此,它可以用于反映农田在净化、涵养水源和废弃物处理等方面的功能。近年来,武汉市主要河流和湖泊的水质令人担忧,主要的供水来源——白沙洲水厂事故频发,水质的好坏开始被普通市民所认知和重视。

空气质量指数是反映空气中各种微颗粒以及有害气体数量的指标。农田生态系统不仅可以调节气温,增加空气中氧气含量,还可以防风固沙、阻挡和吸收一定比例的颗粒里的废弃物,起到调节局部小气候的作用。武汉市在2013年全年城区空气质量优良天数为160天,优良率为43.8%,超过半年的空气质量不达标。问卷调研期间,严重的雾霾天气已经影响到了居民的正常出行和生活,空气质量问题在全市受到了空前的关注。

生物多样性是指武汉市现有的动植物种类的数量。根据联合国环境组织报告(Food and Agriculture Organization,FAO),农田生态系统为全球3.5%的物种提供了栖息地(施开放等,2013)。农田生态系统受到严重破坏的地区,多种生物特别是对生态环境敏感的动植物必然不能生存,因此动植物种类的多少也是反映农田非市场价值的一个指标。武汉市动植物种类的数量近年来围绕2 500种上下波动,诸多珍稀的鸟类、树木,特别是鱼类出现了灭绝的现象,其中,中华鲟的消亡便是例证。

娱乐休憩价值可以反映农田在提供户外景观和维持和谐生态环境的能力。武汉市作为中部建成区面积最大的城市,城市内部不断进行基础设施改造和更新、城市边缘不断扩张,使得农田生态景观遭受到严重破坏,娱乐休憩价值持续降低。

支付意愿被具体定义为“为了保有武汉市现有的耕地非市场价值,您的家庭愿意每年为此支付多少钱?”。它是选择实验模型中唯一一个价格变量,也是最重要的一个属性变量,因此需要严格定义。从经济学的角度出发,要对上述六个属性的现状做出改善,必须进行一定数额的成本支付。

2. 属性水平确定

为了能够准确测度出受访者在政策变化时,在不同方案之间做出选择时的福利水平变化情况,各属性水平的选择必须满足以下条件:①该属性水平可能因为该项政策的实施发生潜在的变化。②属性水平的选择必须是现实中通过管理措施的改变可能达到的，而非只是理论值。以便为受访者创造出一个真实的假想市场，使其做出反映自身真实偏好的选择。③属性水平的选择应尽可能地用定量形式而非定性形式表达。因为定量化的表达会使得计算结果更为准确，提供给政府决策者的建议也会更准确和更具针对性。但是定量化的表达需要可靠、精确的数据来源做保障。因此，在本书中，河流水质、生物多样性、娱乐休憩价值和支付意愿都采用定量表达形式，但是其余变量基于现有的研究水平和资料的可获取程度，仍然选择用定性形式表达。

根据以上原则，在本书中，农田面积属性水平的设置参考武汉市近年来农田面积的下降程度情况，分为四个水平，分别为非常严重、比较严重、一般严重和轻微严重(编码为四，三，二，一)；农田肥力设置为一般、较好、好、很好(编码为四、三、二、一)四个水平；河流水质结合谭永忠等(2012)的属性水平设置和长江、汉江近年来的纵断面水质情况，分别设置为 70%、75%、80%和 85%；空气质量设为差、中、良、优四个水平；生物多样性结合武汉市 2000 年以来动植物种类数量的变化波动情况，设为 2 500、2 505、2 510、2 515；娱乐休憩价值则参考蔡银莺等(2008)的计算结果，分别设置为 5 000 元、5 500 元、6 000 元和 6 500 元；支付数额的高低和支付形式的确定对于受访者选择不同的农田非市场价值保有方案有着显著的影响。本书中支付意愿属性的水平设置使用 CVM(蔡银莺 等，2007)和 CE(陈竹，2012；马爱慧 等，2012b)进行调查时所设置的支付意愿，分别为 50、100、150、200 四个属性水平。支付形式直接选择现金支付，因为受访者对于税收等其他付费方式能否被真正用作农田保护持怀疑态度。

3. 选择集设计

根据属性数量和属性水平个数，根据正交实验原理，按照 Full-factorial Design，七个属性，每个属性有四个水平，共可以产生 4^7 个属性组合，即 4^7 个选择方案。需要根据正交实验原理对属性组合进行删选。因在正交实验中，农田非市场价值各属性之间完全独立、不相关 (Bateman et al.,2004)，无效的选择组合方案将会被删除，可以在最小化方案组合数量的同时又不过多的损失受访者的偏好信息(Caussade，2005)。

利用软件或产生选择方案后，需要考虑如何将它们有效分布到各个选择集中，根据 Hensher 等(2005)的研究结论，版本设置将会有效的分散受访者的选择负担，因此，在本书版本设置被引入，在选择方案总量确定的前提下，版本数量和每个选择集中选择方案的数量之间呈反比例相关关系。在不降低问卷有效信息的前提下，降低受访者的受访时间，得出其真实的支付意愿，需要首先确定每个选择集中所包含的选择方案的数量。一方面，过少的选择方案会产生过多的选择集，受访农户将需要做出更多的选择问题数量；另一方面，如果每个选择集中包含的选择方案数量过多，农户虽然面临的选择集数量减少了，但是在每一个选择集中需要面临的选择方案却变多了，仍然处在难以选择的困境，因此，确定合适的选择方案数量需要结合受访者的认知能力和问卷内容做出最后的决定。根据相关文献(Caussade，2005；DeShazo et al.,2002)，每个选择集中包含三个选择方案时最为理想，因此每个选择集中包含了三个选择方案：现状S和方案A、方案B。这种组合方式要由于一个选择集中只包含两个方案(Rolfe et al.,2000)。因为现状方案包括可以在一定程度上避免受访者的支付偏差(Louviere et al.,1983)。

版本和选择集中方案确定之后，问卷版本数量也随之确立，不同于市民的两个版本问卷形式，市民问卷分成了两个版本，农户问卷分为4个版本，抽样调查中需要保证各版本问卷数量的一致性。表4.2是受访者所面临的选择集例子。

表4.2　选择集实例

属性	现状	方案A	方案B
农田面积	非常严重	轻微严重	一般严重
农田肥力	四	二	二
河流水质	一般	一般	较好
空气质量	一般	一般	很好
生物多样性	2 500	2 510	2 510
娱乐休憩	5 000	6 000	5 000
支付意愿	0	150	100

4.3　适宜样本容量及抽样调查

4.3.1　适宜样本容量

理论上，对于选择实验模型，抽样样本越多越有可能得到受访者偏好的真实情况，进而得出显著性的研究结论。但在现实中，样本数量往往取决于可取的预算的多寡。在预算既定的情况下，选择实验法的样本数量还可以根据NGege软件进行最有效的样本数量估计，但是需要事先获知受访者对各属性的偏好系数，在假定这些系数接近于真实值的前提下，可以计算出为了得到显著性的计算结果所需要的最少抽样样本的数量(Abbie,2011)。根据计算结果需要调查的总样本数量约为280份，在实地研究中，方可保证数据分析能够得到显著的运行结果，市民问卷共有300份问卷，每个版本150份问卷，对武汉市市民进行面对面的调查。

农户的问卷设计是在市民数据取得之后进行的，因此，借助于市民数据在简单CL模型中的初步结果，根据NGege软件的运行结果，需要调查四个版本总计的样本数量大于等于270份，每个版本大约67份，方可保证数据分析能够得到显著的运行结果。为了保证数据的充盈性和研究结果的有效应，共有320份问卷，每个版本80份问卷发放到农户手中进行调查。

4.3.2 抽样调查阶段

16 岁及以上的武汉市民是农田生态补偿研究的目标调查对象。调研方式主要包括面对面调查、电话调查和邮件调查等，每种方法在问卷信息表达、回收率和问卷有效性等方面的表现各有优缺。在受访者受教育程度差异较大且平均水平较低的前提下，面对面的调查更具优势，因为调查员可以随时回答受访者的疑问，特别是对于选择实验法这种背景信息的提供尤为重要，因为它有可能会影响受访者对各属性的认知和方案选择。为了保证问卷的通俗易懂以及调查对象对于问卷的接受程度，预调研于 2013 年 12 月在华中农业大学周边社区和附近农村地区开展，市民和农户各有 20 份初始问卷被发放，受访者的意见主要集中在问卷顺序设置上。在收集了预调研问题并与调查员访谈后，对问卷进行顺序调整，以便更好地对受访者进行预先热身，使其更好的投入到问卷的情景中来。

正式版问卷确立之后，正式调研中共发放 300 份问卷，每个版本 150 份。具体调研地点根据武汉市城镇人口的分布情况和行政辖区及市民的性别、年龄、文化程度、家庭收入等个人及家庭特征随机抽取情况选择在武昌、汉口、汉阳的七个地点。预调查和大规模正式抽样调查于 2013 年 12 月至 2014 年 1 月展开，市民正式调研共有 13 位土地资源管理专业的博士、硕士研究生参加。其中版本一回收 147 份，版本二回收 141 份，回收率分别为 97.00%和 94.00%。视为市民部分的数据来源。问卷调整之后的农户问卷正式版于 1 月中下旬在武汉市周围的新乌龙泉镇、法泗镇等近郊展开大规模的实地调研。市民正式调查有 10 位土地资源管理专业的博士、硕士和本科生参加，发放问卷 320 份，回收 289 份，总回收率为 90.31%。其中每个版本问卷发放 80 份，回收有效问卷版本一 70 份，版本二 71 份，版本三 72 份，版本四 76 份，回收率分别为 87.50%、88.75%、90.00%和 95.00%。视为农户部分的数据来源。

4.4 本章小结

本章首先介绍了农田非市场价值估算中所运用的选择实验法的基本经济学原理及其应用进展情况，着重介绍了简单条件 Logit 模型、全部条件 Logit 模型、异方差 Logit 模型、混合 Logit 模型、混合自相关 Logit 模型和多分类 Logit 模型五种模型的数学原理和适用情况。

紧接着分别针对市民和农户进行问卷设计，市民的问卷内容包括：对农田非市场价值的认知态度、对选择试验集的选择情况以及市民基本社会经济特征；农户的问卷内容则在市民问卷内容的基础上增加了农民对基本农田保护的认知情况和农户对基本农田保护发展受限损失的补偿接受意愿两部分内容。

其中，选择实验法中属性个数及属性水平的选择是问卷设计的难点和关键所在，在结合前人文献和专家意见的基础上，选择了农田面积、农田肥力、河流水质、空气质量、生物多样性和娱乐休闲6个属性来描述农田非市场价值，每个属性都有四个水平，具体见表4.1所示。最重要的支付成本属性中的支付区间设定则在参考前人文献（马爱慧 等，2012b；蔡银莺 等，2007；）的基础上，根据受访者的心理因素、习惯和承受能力综合确定，本书中共选取0、50、100、150和200五个属性水平。

样本数量依据NGege软件的抽样公式，确定市民问卷300份，分两个版本，每个版本含7个选择集，每个选择集中有三个备选方案。相应的农户问卷总数设计为300份，考虑到其平均受教育程度较低，问卷分四个版本，每个版本含5个选择集，每个选择集中都有三个备选方案。

第5章　基于市民和农户两类微观主体视角的农田非市场价值评估

农田不仅可以为人类生活提供农产品和工业原材料等可在交易市场中反映出价值的商品和服务,还具有诸如净化水源、空气质量调节等非市场价值功能。非市场价值是农田总价值中重要的组成部分,由社会成员(主要为市民)所共同无偿享用。成本主要由农户承担,更进一步的,因农田非市场价值无法在市场中交易,农户难以从农田保护中得到与其成本投入相匹配的经济回报,严重损害了其对农田保护的积极性,引起全社会农田生态服务水平的下降和农田生态系统的退化。因此,农田非市场价值的准确测算是整个农田生态补偿工作有效推进的基础。

5.1　基于市民视角的武汉市农田非市场价值评估

5.1.1　受访市民调研结果

1. 受访市民社会基本经济特征

根据武汉市市民问卷的信息统计结果,武汉市受访市民的基本样本特征如下:①性别。受访者中男性占主要比例,占样本总数的69.14%,女性占样本总数的30.86%。②年龄。被调查者年龄涵盖16岁以上的所有年龄段,最年轻的为17岁,年纪最长的为87岁。总体而言,受访者年龄结构偏向于年轻人,其中20～30岁、30～40岁的比例最大,分别占52.17%、13.02%;其次为小于20岁的群体,所占比例为

11.81%，比例最小的群体为50～60岁，占总样本数的6.64%。③文化程度。受访者的文化程度参差不齐，但是平均程度较高，比例最大的群体为本科学历，占59.79%，高中、初中学历分别占24.96%、11.42%。④是否户主。在288个有效市民样本中，36.67%的受访者为户主。⑤家庭人口。家庭规模以3～4人居多，合计比例占到66.73%，5人的比例占21.03%。⑥受访者月收入水平。受访者的月收入水平多集中在8 000元以下，月收入水平在8 000元以上的人群比例只有2.61%，比例最大的群体为2 000元以下和2 000～4 000元，比例分别为41.68%和39.34%，其中6 000～8 000元所占比例为3.36%，具体见表5.1。

表5.1 受访市民基本信息

变量	变量定义	比例/%	变量	变量定义	比例/%
性别	男	69.14	家庭人口	3	37.71
	女	30.86		4	29.02
年龄/岁	<20	11.81		5	21.03
	20～30	52.17		6	7.69
	30～40	13.02		7及以上	4.55
	40～50	7.33	月收入	<2 000	41.68
	50～60	6.64		2 000～4 000	39.34
	>60	9.03		4 000～6 000	13.01
文化程度	初中及以下	11.42		6 000～8 000	3.36
	高中	24.96		>8 000	2.61
	本科	59.79	是否户主	是	36.67
	本科以上	3.83		否	63.33

2. 受访市民对农田非市场价值属性的认知程度

受访市民对农田非市场价值的认知是他们对其进行意愿支付的前提，也可以在问卷调查中起到对受访者进行暖身(warming up effect)的效果，以使其更快速地进入情境当中。在调研中，每一个受访市民都被问到："在您的生活中，农田生态系统所提供的农田面积、农田肥力、河流水质、空气质量、生物多样性、娱乐休憩价值6个方面功能的重要程度分别为多少?"；"您认为近些年来，武汉市农田生态系统在这6个方面的功能是否呈现出下降的趋势?"。问题答案都以五分类李克特量表的形式设置，受访市民对农田非市场价值有关的6个属性的重要程度和近年来下降的严重程度的答案统计结果如表5.2所示，排序依据6个属性重要程度的得分从高到低进行。

表 5.2　受访市民农田非市场价值属性认知结果

变量	重要程度	下降程度
河流水质	4.166 4	4.090 2
空气质量	4.115 8	4.124 6
生物多样性	3.858 6	3.764 9
农田肥力	3.704 8	3.703 1
农田面积	3.696 2	3.764 4
娱乐休憩	3.328 8	3.219 4

如表 5.2 显示，武汉市受访市民认为河流水质是农田非市场价值 6 个属性中最重要的属性，其次为空气质量，这两项的得分均超过了 4 分，接下来依次是生物多样性、农田肥力、农田面积和娱乐休憩价值。在属性下降程度方面，武汉市市民最先意识到的是空气质量的下降，其次是河流水质，接下来依次为生物多样性、农田面积、农田肥力和娱乐休憩价值。这与武汉市在 2013 年经历的严重雾霾天气和三年来频发的饮用水事故以及长江、汉江氨、氮超标等事件有密切关系。

3. 受访市民对选择集的选择情况

受访者面对不同选择集中的 A、B 和 S 三个方案的选择情况可以反映出其对现状改善的迫切程度和支付意愿情况。受访市民面对 7 个选择集中的 A、B 和 S 三个方案的选择情况如表 5.3 所示。

表 5.3　受访市民选择集选择情况

选择集	方案 A	方案 B	现状 S
1	154	116	18
2	137	131	20
3	106	165	17
4	124	149	15
5	145	122	21
6	164	102	22
7	169	102	17

从图 5.1 中可以看出市民受访者中从选择集 1 至选择集 7 中认为两种方案都不合时宜，希望维持现状的受访者人数基本上是稳定的。受访者在选择集 1、5、6、7 中对方案 A (154 人、145 人、164 人、169 人)的偏好高于方案 B(116 人、122 人、102 人、102 人)，选择集 2 中受访农户对方案 A 和方案 B 的偏好相当，选择集 3、选择集 4 中，方案 A(106 人、124 人)的选择人数比方案 B(165 人、149 人)要少，具体的选择所占各版本问卷总体的比例如图 5.2 所示。

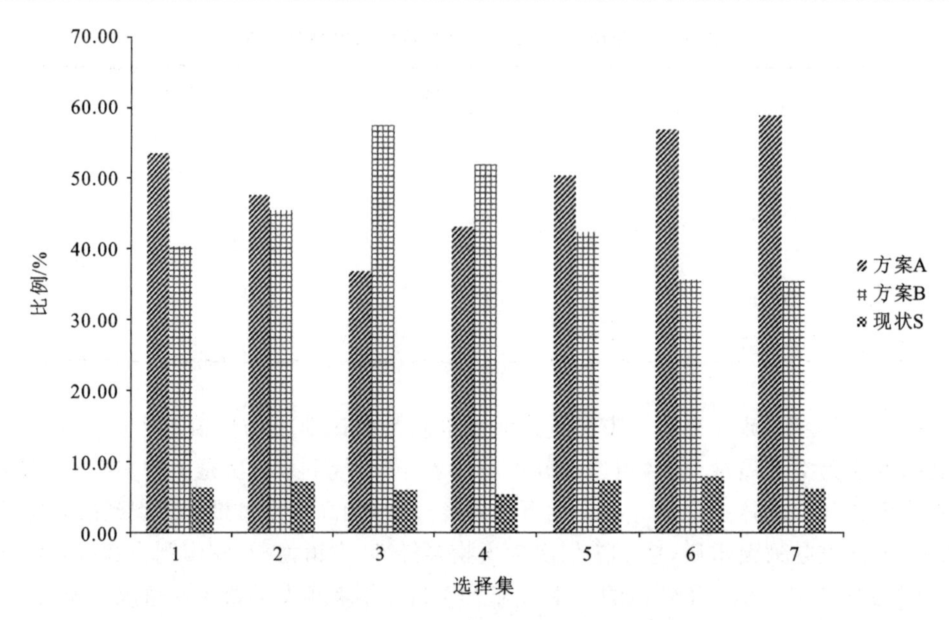

图 5.2 受访市民选择集选择情况

问卷的统计结果显示,各个选择集中选择现状的比例与支付属性中支付成本的高低有关,支付成本的上升使得选择不愿支付的人员增加,但在各属性都有所改善情况下,人们虽然担心支付费用问题,但基于自身效用的上升,仍有一定的支付意愿。

5.1.2 受访市民对农田非市场价值支付意愿测算

1. 影响受访市民支付意愿的因素分析

认知是行为的先导。受访者对于农田生态环境的认知情况直接影响着其支付意愿或受偿意愿的高低。一般来说,认知程度越高,支付意愿越高。调查样本中对受访者的基本社会特征和对农田非市场价值的认知程度进行了调查。具体的结果分布如表 5.4 所示。

表 5.4 受访市民的基本社会经济特征统计

变量	变量定义	均值
性别	受访者性别,男=1,女=0	0.69
年龄	受访者年龄	32.67
户主	是否户主,是=1,否=2	1.63
教育水平	受访者接受教育年限	13.84
需抚养人口数量	受访者家庭需要抚养人口数量	0.625 0
是否愿意	是否愿意为保有农田非市场价值而支付一定的费用,是=1,否=0	0.773 5

续表

变量	变量定义	均值
是否盈余	家庭是否每年有盈余存款，是＝1，否＝0	0.803 7
是否意识	是否意识到农田非市场价值的存在，是＝1，否＝0	0.069 7
月收入水平	受访者月收入水平(元)	3 062.06

受访者的基本社会特征：性别比例中男生较多，占 69%，女性占 31%；受访市民的平均年龄为 33 岁；受教育年限平均为 13.84 年；37.31%的受访者为家庭户主；受访者平均每个家庭约有 1 个需抚养的未成年人；受访者个人月收入中 3000 元的样本所占比例最大。在认知和态度变量方面，武汉市受访市民对农田非市场价值认知程度较低，只有 6.97%的人，但是 77.35%的人愿意为保有更高的农田环境质量而进行一定的金钱支付。

2. 市民对农田非市场价值支付意愿的最适模型

从第 4 章 4.1 节研究方法可知，有多种不同模型(简单条件 Logit、全部条件 Logit、异质性条件 Logit、混合 Logit、混合自相关 Logit 等模型)可以模拟受访者对农田非市场价值的支付意愿，且拟合效果各不相同，因此需要对它们进行比较和选择，从中挑出最适合的模型。因此，五个模型分别被用来对武汉市受访市民的支付意愿进行测算，只有拟合效果最好的模型被留下用于市民非市场价值支付意愿测算(其他模型结果在附录中列出)。

从表 5.5 可知，在条件 Logit 模型中，全条件 Logit 模型要优于简单条件 Logit 模型，而异质性条件 Logit 模型要优于全条件 Logit 模型，因此异质性条件 Logit 模型被纳入后面的模型比较之中。同理，对于混合自相关 Logit 模型，考虑相关性的模型表现要优于不考虑自相关的混合 Logit 模型的表现，但是这种改善是不显著的$-1\,483.30-(-1\,489.59)=6.29<18.31=\chi^2(10, 0.95)$，因此将混合不考虑自相关 Logit 模型纳入下面的比较之中。

表 5.5　基于 Log-likelihood 检验的模型比较与选择

指标	简单条件 Logit 模型	全部条件 Logit 模型	异质性条件 Logit 模型	混合不考虑自相关 Logit 模型	混合自相关 Logit 模型
观测值数量	6 006	5 463	5 484	5 463	5 463
P 值	0.000 0	0.000 0	0.000 0	0.000 9	0.000 8
卡方检验统计量(F)	986.68(12)	74.50(18)	74.50(3)	20.72(5)	31.30(15)
最大似然差值	－1 706.08	－1 499.95	－1 483.63	－1 489.59	－1 483.30
最大似然检验	接受异方差 Logit 模型				

注：1. 卡方检验统计量(F)中 F 为模型的自由度；2. 自由度为 12 的卡平方分布显著性为 5%时对应的值为 21.0

在对模型的观测值数量、自由度、Prob＞chi^2 和 Log-likelihood 值等各项指标进行罗列和比较后，同样需要对异质性条件 Logit 模型和混合不考虑自相关的 Logit 模型之间进行 Log-likelihood 检验，结果证实 $-1483.63-(-1489.59)=5.96<21.0=\chi^2(21,0.95)$，异质性 Logit 模型拟合效果最佳，以此为基础对市民的支付意愿进行测算。

3. 受访市民对农田非市场价值的支付意愿

选择实验模型的一个主要功能就是估算受访者对农田非市场价值各属性的支付意愿，即各属性的边际效用，在本书中即为各属性的非市场价值。根据 4.1 节研究方法，理论上，各属性非市场价值的测算可以在假设其他属性变量不变的前提下，用其系数分别与支付成本系数之间的比值进行估算，更进一步的，不仅可以计算出各属性不同水平下的支付意愿，还可以将影响各属性的社会经济变量也代入支付意愿的测算中，即公式(4.15)所示。最后计算时将影响支付成本的社会经济变量以其均值的形式代入公式进行测算，本书中异质性条件 Logit 模型作为拟合效果最好的模型，被作为计算支付意愿的基本模型，模型的具体运行结果如表 5.6 所示。

本书中市民支付意愿的异质性条件 Logit 模型是在 STATA 12 软件上用 clogithet 命令运算的(Hole，2007)。依旧将农田肥力和空气质量以分类变量的形式进入模型，均以最差的属性水平作为参照变量。其中受访市民自身的社会经济变量中，只有显著性的计算结果被列在表 5.6 中，具体如下。

表 5.6　市民支付意愿的异质性条件 Logit 模型结果

变量	系数	95%置信区间	P 值	95%置信区间
常数项	−0.350 5	−3.03	0.002 0***	−0.577 1，−0.123 9
农田面积	0.051 1	2.83	0.005 0***	0.015 7，0.086 5
农田肥力_1	0.132 8	2.26	0.024 0**	0.017 6，0.248 0
农田肥力_2	0.085 9	2.26	0.024 0**	0.011 5，0.160 2
农田肥力_3	0.129 6	2.45	0.014 0**	0.025 9，0.233 3
河流水质	0.026 3	3.82	0.000 0***	0.012 8，0.039 8
空气质量_1	0.231 2	3.49	0.000 0***	0.101 2，0.361 2
空气质量_2	0.189 7	3.04	0.002 0***	0.067 3，0.312 0
空气质量_3	0.149 2	2.89	0.004 0***	0.048 0，0.250 4
生物多样性	0.006 1	1.80	0.072 0*	−0.000 5，0.012 7
娱乐休憩	0.000 1	1.96	0.050 0**	**0.000 0，0.000 1
支付意愿	−0.001 3	−1.43	0.153 0	−0.003 0，0.000 5
支付意愿*是否补偿	0.001 9	2.05	0.040 0**	0.000 1，0.003 7
支付意愿*是否存款	−0.001 2	−2.43	0.015 0**	−0.002 1，−0.000 2

续表

变量	系数	95%置信区间	P 值	95%置信区间
异质性程度				
是否补偿	0.987 9	5.78	0.000 0***	0.652 7,1.323 2
是否恶化	0.321 6	2.52	0.012 0**	0.071 7,0.571 5
收入水平	0.000 0	−1.69	0.092 0*	0.000 0,0.000 0
统计变量				
最大似然值	−1 483.632 6			
P 值	0.000 0			
卡方检验统计量 (3)	74.50			
观测值数量	5 484			
组别数	1 828			

注：*，**，*** 分别表示该属性在 0.1，0.05，0.01 的水平上显著

规模指数 λ 与受访市民对于农田保护是否有支付意愿、是否意识到武汉市农田生态环境正在恶化和收入水平三个变量有正相关关系，并分别在 1%、5%和 10%的水平上显著，即这三个变量值越高的受访者在农田非市场价值的偏好中表现出越强烈的异质性。其他系数估计都符合理性人的理性表现预期，具体来说，受访市民对现状持负面评价，并且在 1%的水平上显著，说明受访市民极度不愿意接受当前的农田非市场价值现状。

农田面积的系数为正向且在 1%的水平上显著，表示市民迫切地希望降低当前武汉市农田面积减少的速度。农田肥力是以分类名义变量的形式进入模型，并且以最差的农田肥力等级(农田肥力_3)作为参照组。表 5.6 显示农田肥力属性的所有系数都为正值并在 5%的水平上显著，一等农田肥力被赋予最高权重(0.132 8)，但是市民对农田肥力等级 2(农田肥力_2)的偏好(0.085 9)稍低于其农田肥力等级 3(农田肥力_3)的偏好(0.129 6)，但是经过 Log-likelihood 检验，这种差异不明显。对于河流水质来说，系数为正并在 1%的水平上显著，表示市民的效用水平会随着河流水质的提升而显著提高。

空气质量也以分类名义变量的形式进入模型，武汉市受访市民对空气质量的偏好与其对农田肥力的偏好也表现出相似性，以最差的空气质量等级(空气质量_4)为基础，受访者对所有其他的空气质量等级都表现出显著的偏好。优等空气质量(空气质量_1)、良等空气质量(空气质量_2)、中等空气质量(空气质量_3)的权重分别为 0.231 2、0.189 7 和 0.149 2，表现出了严格的线性递增趋势。生物多样性与市民的效用呈现正相关关系并在 10%的水平上显著，对娱乐休憩价值赋予的权重为 0.006 1 并在 5%的水平上显著。

支付成本的系数为负值，可以解释为支付意愿的提升会降低受访个体的整体效用，这符合经济学中“理性人”的假设。另外需要特别说明的是，有一系列的受访者社会经济变量与支出成本之间呈现出显著性的相关关系。具体来说，受访者是否愿意为农田非市场价值进行经济补偿这一态度显著影响其支付成本边际效用的绝对值。对此持肯定态度的市民愿意进行更高的成本支付(0.001 9)，其绝对值大于支付意愿系数−0.001 2 的绝对

值,有可能使得总体的支付成本系数出现负值,还需要进行进一步的详细说明和检验。家庭在银行没有存款的受访者更在意支付成本的高低,因此赋予支付成本更高的系数。

基于支付成本边际效用在决定受访市民边际效用中的重要作用,我们针对受访者在“是否愿意进行支付”和“家庭是否在银行有存款”的不同表现,呈现出四种不同组合状态下的相对比例、支付成本边际效用和显著性值。具体如表5.7所示。

表5.7 不同受访者类型下的边际效用及其显著性

组别	比例/%	边际费用	P值
是否补偿=0,是否借贷 =0	4.64	−0.001 3	0.153
是否补偿=1,是否借贷=0	14.99	0.000 6	0.169
是否补偿=0,是否借贷=1	17.39	−0.002 4	0.014
是否补偿=1,是否借贷=1	62.98	−0.000 6	0.027
是否补偿=0.77,是否借贷=0.8	100.00	−0.000 8	0.017

如表5.7显示,对绝大部分的受访市民来说,支付意愿都只会显著性的降低其效用值,只有19.63%的受访市民认为支付成本与其效用值是负相关的,但是这种负相关性表现得并不显著,这些将在接下来的受访者支付意愿测算时纳入指标考量。即“是否补偿”取值0.77、“是否借贷”取值0.8,此时受访者的边际效用为−0.000 8。需要特别说明的是,耕地质量和空气质量以分类变量形式进入模型的两个属性,其各水平的支付意愿都是以现状中最差的属性水平为参照估算得来的,具体参考4.2节问卷设计。模型的运算结果如表5.8所示。

表5.8 市民对各属性的支付意愿

属性	边际价值	P值	95%置信区间
常数项	−459	0.022 0**	−852,−66
农田面积	67	0.010 0***	16,118
农田质量_1	174	0.043 0**	6,342
农田质量_2	112	0.058 0*	−4,229
农田质量_3	170	0.021 0**	26,313
河流水质	34	0.002 0***	13,56
空气质量_1	303	0.010 0***	72,534
空气质量_2	248	0.025 0**	31,466
空气质量_3	195	0.048 0**	1,389
生物多样性	8	0.044 0**	0,16
娱乐休憩	75	0.042 0**	3,147

注:1.社会经济变量以均值形式代入对边际价值展开计算;2. *,**,***分别表示该属性在0.1,0.05,0.01的水平上显著

可以看出，武汉市受访市民对于连续型变量中的农田面积、河流水质、生物多样性和娱乐休憩价值每提升一个属性水平的支付意愿分别为67元、34元、8元和75元。对于农田质量_1、农田质量_2、农田质量_3的支付意愿分别为174元、112元、170元，受访市民对于农田质量_3的支付意愿高于农田质量_2，但是最大似然值检验显示这种偏差是不显著的，可以解释为农田质量与农户经济收入的高低息息相关，而对于市民，这种关系是不显著的。对于空气质量的三个改善属性水平空气质量_1、空气质量_2、空气质量_3，武汉市受访市民的年均支付意愿分别为303元、248元、195元，呈现出严格的线性递减趋势。

总体来说，为了农田保护，武汉市市民愿意支付一定的金钱，即改变现状所需要付出的成本。补偿剩余变化可用4.1节中的式(4.10)来表示。根据属性变量的变化水平预测，维持现状和改变现状的具体情况如下。

(1) 维持现状

到2020年，武汉市的农田非市场价值各属性水平为农田面积下降程度(非常严重，比较严重，一般严重，轻微严重)中的非常严重；农田肥力(一般，较好，好，很好)中的一般；河流水质三类及以上水质断面的比例(70%，75%，80%，85%)中的70%；空气质量(差，中，良，优)中的差；生物种类(2 500，2 505，2 510，2 515)中的2500；娱乐休憩价值(5，5.5，6，6.5)中的5。

(2) 改变现状

到2020年，农田面积下降程度(非常严重，比较严重，一般严重，轻微严重)中的轻微严重；农田肥力(一般，较好，好，很好)中的好；河流水质三类及以上水质断面的比例(70%，75%，80%，85%)中的85%；空气质量(差，中，良，优)优；生物种类(2 500，2 505，2 510，2 515)中的2 515；娱乐休憩价值(5，5.5，6，6.5)中的6.5。

结合补偿剩余(CS)公式，计算得到武汉市市民年均支付意愿为143.04元/户，根据公式：单位面积支付意愿＝城镇居民年均WTP×城镇居民总户数×支付率/农田面积。武汉市2014年统计资料，2013年底全市共有城镇居民209.19×10^4户。据本次调查结果统计，93.50%的受访者愿意为保护基本农田而支付一定的金额，结合《2013湖北省土地利用变更数据》，武汉市2013年农田面积约为30.72×10^4 hm^2，折合后市民的年平均支付意愿为6551.40元/hm^2。

5.2　基于农户视角的武汉市农田非市场价值评估

5.2.1　受访农户调研结果

1. 受访农户社会基本经济特征

根据抽样调查的结果，将农户的基本信息特征进行统计，以方便后期的非市场价值估算，具体的受访农户的基本信息统计情况如表5.9所示。

表 5.9 武汉市受访农户基本信息

变量	变量定义	比例/%	变量	变量定义	比例/%
性别	男	58.33	承包权	是	95.12
	女	41.67		否	4.88
年龄/岁	＜20	0.35	兼业	是	45.96
	20～30	7.66		否	54.04
	30～40	8.01	务农时间/月	0～3	39.09
	40～50	22.48		3～6	14.23
	50～60	22.48		6～9	15.82
	＞60	39.02		9～12	30.86
文化程度	未受教育	28.82	总收入	＜1 万	55.21
	小学	16.72		1～2 万	16.83
	初中	39.97		2～3 万	10.43
	高中	14.49		3～4 万	6.95
本村村民	是	92.68		＞4 万	10.58
	否	7.32			

在回收的 289 份有效问卷中，受访农民的个体特征、家庭特征及土地经营情况统计如下：统计结果显示受访者男性居多，占到 58.33%；受访者的平均文化程度较低，未受教育和小学学历的受访者较多；年龄结构偏向于中老年人，50 岁及以上的受访者占 61.5%；92.68%属于本村村民；绝大多受访农户(95.12%)享有所在村的土地承包经营权；约有一半的受访农户从事除了农业以外的兼业活动，年均务农时间为半年；受访农户的人均家庭农业收入水平约为 9 536.02 元。通过将《2014 武汉统计年鉴》中的数据(2013 年武汉市男性人口比重 51.2%、平均受教育年限 10.52 年、平均年龄 38 岁、人均耕地面积为 1.12 亩、农村居民家庭人均纯收入 12 713 元)，与表 5.9 对比发现除因农村留守老人较多导致样本平均年龄偏大以外，问卷调查中各项指标均与武汉市统计数据相吻合，表明样本的代表性较强。

2. 受访农户对农田非市场价值属性的认知程度

受访农户的暖身问题主要包括："在您的生活中，农田生态系统所提供的农田面积、农田肥力、河流水质、空气质量、生物多样性、娱乐休憩价值 6 个方面功能的重要程度分别为多少？"。问题答案都以五分类李克特量表的形式设置，受访农户对农田非市场价值 6 个属性的重要程度的认知统计结果如表 5.10 所示，依据 6 个属性重要程度的得分从高到低进行排序。

表 5.10　农户农田非市场价值属性认知结果

属性	重要程度
河流水质	4.247
空气质量	4.121
生物多样性	4.090
农田肥力	3.900
农田面积	3.340
娱乐休憩	3.043

表 5.10 显示武汉市受访农户认为河流水质是农田非市场价值 6 个属性中比较重要，紧接着为生物多样性、空气质量，这三项的得分都超过了 4 分，接下来依次是农田肥力、农田面积和娱乐休憩价值。这与武汉市在 2013 年经历的严重雾霾天气、城市近郊区工厂的废水废气大量排放，农村生活和生产用水遭到大面积污染有关。

3. 受访农户对选择集的选择情况

受访农户对其所面临的 5 个选择集中的 A、B 和 S 方案的选择情况如表 5.11 所示，据此可以判断受访农户对现状改善的迫切程度和支付意愿情况。

表 5.11　受访农户选择集选择情况

选择集	方案 A	方案 B	现状 S
1	161	57	69
2	108	108	71
3	104	112	70
4	135	81	71
5	62	149	75

从表 5.11 中可以看出农民受访者中从选择集 1 到选择集 5 中认为两种方案都不合时宜，希望维持现状的受访者人数基本上是稳定的。受访者在选择集 1 中对方案 A(161 人)的偏好明显高于方案 B(57 人)；选择集 2、3 中受访农户对方案 A 和方案 B 的偏好相当；选择集 4 中，方案 A(135 人)的选择人数比方案 B(81 人)要高出很多；而在选择集 5 中，情况是反过来的，选择方案 B(149 人)的人数是方案 A(62 人)的两倍多。具体的各选择集被选择的比例如图 5.3 所示。

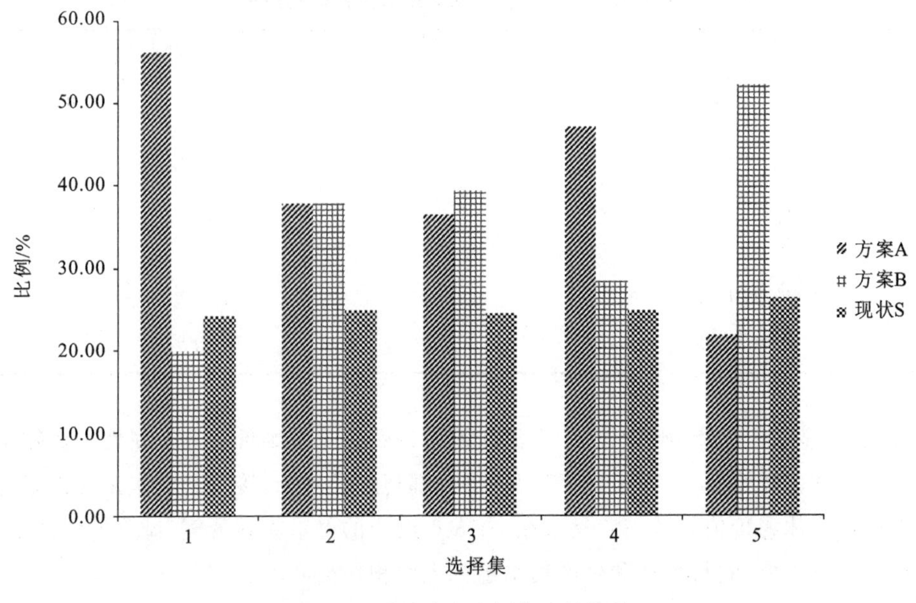

图 5.3　受访农户选择集选择情况

由问卷可知，各个选择集中选择现状的比例与支付属性中支付成本的高低有关，支付成本的上升使得选择不愿支付的人员增加，但在各属性都有所改善的情况下，人们虽然担心支付费用问题，但是基于自身效用的上升，仍然有一定的支付意愿。

5.2.2　受访农户对农田非市场价值支付意愿

1. 影响受访农户支付意愿的因素分析

在本书中，除了收集农户对农田非市场价值属性的重要程度认知外，受访者的性别、年龄、文化程度、是否兼业、务农时间、农业收入和总收入等信息也被列入可能会对其选择产生影响的因素中。不过只有结果显著的变量才被列出，具体见表 5.12 所示。

表 5.12　农户相关变量定义

变量	变量定义	变量设置形式	均值
教育水平	受访农户受教育年数	年数	6.220 5
家庭人口数	受访农户家庭人数	家庭人口数量	3.658 9
借贷	受访农户家庭是否有贷款	是＝1，否＝0	0.146 4
未来 5 年农业从事农业	未来五年是否仍从事农业	是＝1，否＝0	0.556 2
是否有医保	受访农户是否有医保	是＝1，否＝0	0.934 8

由表5.12可知，受访农户的平均受教育程度为小学，所在家庭的人口数量为4人。此外，有关受访农户家庭社会经济情况和承包地面积的信息也被列入可能会对其选择产生影响的因素中。具体来说，14.64%的受访农户家庭有借贷行为，55.62%的受访农户未来五年内仍会从事农业生产，93.48%的受访农户购买有农村合作医疗。

2. 农户对农田非市场价值支付意愿的最适模型

在4.1节研究方法中描述的前5种模型对于模拟受访者对农田非市场价值支付意愿的效果不同，因此需要对它们进行比较和选择，从中挑出最适合的模型。在农户数据分析中，根据log-likelihood值对各模型的拟合效果进行比较，其中在条件Logit模型中异质性条件Logit要优于简单条件Logit模型，全条件Logit模型要优于异质性条件Logit模型，因此只有全条件Logit被纳入后面的模型比较之中。对于混合Logit模型，不考虑相关性的模型表现要优于考虑相关性时的模型表现，因此只有混合Logit模型被纳入全条件Logit模型的log-likelihood检验中，以期选出最能拟合出受访群体偏好的模型。各指标值和模型比较结果具体如表5.13所示。

表5.13 基于Log-likelihood检验的模型比较与选择

指标	简单条件Logit模型	全部条件Logit模型	异质性条件Logit模型	混合Logit模型	混合自相关Logit模型
观测值数量	4 189	3 864	3 938	3 864	3 864
P值	0.000 0	0.056 2	0.000 1	0.000 0	0.000 0
卡方检验统计量(F)	96.260 0(8)	158.89(12)	15.26(1)	77.62 (2)	76.66(3)
最大似然差值	−1 483.82	−1 333.56	−1 364.39	−1 294.75	−1 295.23
最大似然检验	接受不考虑自相关的混合Logit模型				

注：1. 卡方检验统计量(F)中F为模型的自由度；2. 自由度为2的卡平方分布显著性为5%时对应的值为3.84

由表5.13可知，在对模型的观测值数量、P值和卡方检验统计量和最大似然差值等各项指标进行罗列和比较后，对最大似然检验结果证实混合Logit模型更能模拟出武汉市受访农户对农田非市场价值的偏好，以此作为农户对农田非市场价值支付意愿测算的基础。

3. 受访农户对农田非市场价值的支付意愿

应用Hole在2007年编写的Stata模型中mixlogit(Hole,2007)命令，在初始的混合Logit模型中，只考虑哪些变量服从随机效应分布，哪些变量服从固定效应分布。如果变量显著地服从固定效应分布，则表示受访者对该属性变量的偏好表现出明显的同质性，结果的现实解读与条件Logit模型相同；如果显著地服从随机效应分布，则此时的均值并不能如实地反映出受访者的偏好，因为不同受访者之间的偏好是有差异的，甚至有可能是相悖的，综合作用之后得出的平均系数不具备现实揭示性，这就解释了为什么服从随机效应的属性变量需要用均值 μ 和标准差 S 这两个参数进行共同解释。混合 Logit 模型具体的计算结果如表 5.13 所示。

从表 5.14 可以看出，所有的属性都以连续变量的形式进入模型。受访农户对农田非市场价值现状持负面评价，并且在 1%的水平上显著，说明一般而言受访农户极度的不愿意接受当前的农田非市场价值现状，对其他各属性的更高水平都有正的支付意愿。需要特别说明的是，不考虑相关关系的混合 Logit 模型运行结果显示武汉市受访农户对农田非市场价值现状和娱乐休憩价值的偏好表现出了显著的异质性，并且显著水平都为 1%，即尽管在均值模型里，受访农户对于现状的平均偏好为负值，但其方差显示还有一小部分农户对于现状偏好是正向且在 5%水平上显著的；而娱乐休憩价值属性在均值模型里是不显著的，但方差显示有一部分农户对于娱乐休憩价值这一属性的偏好是正向且在 1%的水平上显著。另外，农户对现状的偏好还受到农户是否未来仍从事农业生产、所在家庭是否负债的显著性影响。

表 5.14　混合 Logit 模型不计算自相关时的结果

变量	系数	95%置信区间	系数	95%置信区间
	均值		标准差	
常数项	−13.249 7 ***	−22.04，−4.46	23.61 ***	10.48，36.70
农田面积	0.617 4 ***	0.34，−0.89		
农田肥力	0.18	−0.35，0.71		
河流水质	0.02	−0.04，0.08		
空气质量	0.35 ***	0.10，0.59		
物种多样性	0.06 **	0.01，0.12		
休闲休憩	0.74	−1.01，2.49	4.30 ***	1.96，6.64
支付意愿	−0.018 ***	−0.024，−0.012		
常数项 * 务农意愿	−6.54 ***	−10.95，−2.14		
常数项 * 是否借贷	4.61 **	0.21，9.01		
农田肥力 * 重要程度	0.12 **	0.005，0.232		
休闲休憩 * 是否医保	−1.72 *	−3.63，0.19		
统计变量				
最大似然值	−1 294.75			
P 值	0.000 0			
卡方检验统计量(F)	77.62			
观测值	3 864			

注：*，**，*** 分别表示该属性在 0.1，0.05，0.01 的水平上显著

其他各属性变量按照均值情况具体而言，农田面积的系数(0.617 4)为正向且在 1%的水平上显著，表示农户迫切希望降低武汉市当前农田面积减少的速度。农户偏好更高的农田肥力(0.177 7)系数并不显著。同样的，还有河流水质，其系数为正(0.022 5)，但并不显著。

对于空气质量持有强烈的正向偏好(0.344 6)，且在 1%的水平上显著。对娱乐休憩价值的偏好比较复杂，其均值被赋予的权重为 0.741 2，但并不显著。需要补充的是农户对于农田娱乐休憩价值的偏好还受到其是否有医保的显著性影响，有医保的农户对于农田娱乐休憩价值的认可度较低。此外，农户对于农田娱乐休憩价值的偏好具有强烈的分歧，异质性的标准差为 4.298 9，且在 1%的水平上显著。

各属性非市场价值的测算仍依据 5.1 中的公式(5.15)所示，计算时将影响支付成本的社会经济变量以其均值的形式带入公式进行测算，混合 Logit 模型作为拟合效果最好的模型，被作为计算支付意愿的基本模型，模型的具体运行结果如表 5.15 所示。

表 5.15　武汉市受访农户对农田非市场价值各属性的支付意愿

属性	边际价值	Z 值	P 值	95%置信区间.
常数项	−232 **	2.760 0	0.022 0	−397,67
农田面积	105 ***	4.990 0	0.0100	64,146
农田肥力	28 **	0.600 0	0.043 0	−63,119
河流水质	19 ***	0.760 0	0.002 0	−30,69
空气质量	293 **	3.010 0	0.010 0	293,484
生物多样性	53 **	2.620 0	0.044 0	13,92
娱乐休憩	107 **	1.520 0	0.042 0	−31,244

备注：*，**，*** 分别表示该属性在 0.1，0.05，0.01 的水平上显著

由于全部属性都以连续型变量的形式进入混合 Logit 模型，因此计算各属性的支付意愿都只有一个单独的均值，没有给出更详细的基于属性水平层面的支付意愿。但由于混合 Logit 模型显示农户对于农田肥力的支付意愿受到其对农田肥力这一属性重要程度的影响，对于娱乐休憩价值的影响受到其是否购买合作医疗这一变量的影响。因此，将这些因素带入模型进行运算，结果显示武汉市受访农户对于农田面积、农田肥力、河流水质、空气质量、生物多样性和娱乐休憩价值每提升一个属性水平的支付意愿分别为 105 元、28 元、19 元、293 元、53 元和 107 元。

同理，武汉市农户为保有一定的农田面积，愿意支付一定数额的金钱或者提供义务劳动，其补偿剩余变化(CS)仍可用 4.1 节中的公式(4.10)来表示。其中维持现状和改变现状的定义与 5.1 中市民的定义相同，结合补偿剩余(CS)公式，计算得到武汉市农户年均支付意愿为 604.6047 元/户，根据公式单位面积支付意愿＝农户年均 WTP×农户总户数×支付率/农田面积。根据武汉市 2014 年统计资料，2013 年底武汉市共有农户 77.20×

10^4户。据调查结果统计，75.04%的受访农户愿意为保护基本农田而支付一定的成本付出，结合湖北省2014年土地利用变更调查数据结果，2013年武汉市农田面积约为30.72 $\times10^4$ hm^2，折合后农户的年平均支付意愿为1 141.88元/hm^2。

5.3 本章小结

武汉市农田非市场价值的测算是研究的难点所在，实际测算时用受访市民对与其相关的6个属性的支付意愿进行替代。实地测算中，从农田生态补偿最密切的两大微观主体出发，开展面对面调研，依据288份市民问卷和289份农户问卷的调研资料，分别对市民和农户对于农田非市场价值的认知、农田生态补偿的态度和行为参与等问题进行分析，进一步以选择实验法为基础，结合调研数据，测算了武汉市市民和农户对农田非市场价值的认知程度和支付意愿、影响支付意愿的因素进行分析以及受访者的异质性。研究结果如下。

1. 受访者对农田非市场价值的认知程度分析

武汉市受访市民对农田非市场价值属性重要性的认知程度依次为河流水质、空气质量，生物多样性、农田肥力、农田面积和娱乐休憩价值。在属性下降程度方面，武汉市受访市民最先意识到的是空气质量的下降，其次是水质，接下来依次为生物多样性、农田面积、农田肥力和娱乐休憩价值。实地调研结果显示武汉市受访农户认为河流水质在农田非市场价值6个属性中比较重要，其次为生物多样性、空气质量，这三项的得分都超过了4分，接下来依次是农田肥力、农田面积和娱乐休憩价值。农田非市场价值属性重要性的认知程度依次为河流水质、生物多样性、空气质量、农田肥力、农田面积和娱乐休憩价值。

2. 受访市民对农田非市场价值支付意愿及影响因素分析

基于选择实验法，本章通过受访者对选择集的作答转化成效用问题，进一步应用随机效用理论中的计量模型，计算得到受访者对农田非市场价值各属性合格选择方案的支付意愿。在确立农田非市场价值7个属性（农田面积、农田肥力、河流水质、空气质量、生物多样性、娱乐休憩和支付成本）的基础上，经过不同模型之间的比较和检验后，选择实验法中的异质性Logit模型和混合Logit模型分别分析市民和农户两大群体对于农田非市场价值各属性及其属性组合方案的支付意愿，核算出受访市民和农户对农田非市场价值的支付意愿。结果显示：①武汉市受访市民对于连续型变量中的农田面积、河流水质、生物多样性和娱乐休憩价值每提升一个属性水平的支付意愿分别为67元、34元、8元和75元；对于农田肥力_1、农田肥力_2、农田肥力_3的支付意愿分别为174元、170元、112元。对于空气质量的三个改善属性水平空气质量_1、空气质量_2、空气质量_3，武汉市市民的年均支付意愿分别为303元、248元、195元，均呈现出严格的线性递减趋势。折合单位面积的农田非市场价值的支付意愿为6 551.40元/hm^2。更进一步，将市民的社会经济变量带入模型得到市民对于农田非市场价值的支付意愿受到市民个人是否愿意为农田生态补偿进行金钱支付和所在家庭是否有存款两个变量的显著性影响。②相应的，选择实验法中的混合 Logit 模型被用于分析受访农户对农田非市场价值的支付意愿，模型运行结果显示受访农户对于农田面积、农田肥力、河流水质、空气质量、生物多样性和娱乐休憩价值每提升一个属性水平的支付意愿分别为 105 元、28 元、19 元、293 元、53 元和 107 元。折合单位面积武汉市受访农户的农田非市场价值的支付意愿为 1 141.88 元/hm^2。此外，受访农户对农田非市场价值的支付意愿受到其是否有医保和其对农田肥力重要性认知程度的高低等因素的显著性影响，农户对于农田肥力的支付意愿受到其对农田肥力这一属性重要程度的影响，对于娱乐休憩价值的影响受到其是否购买合作医疗这一变量的影响。

3. 受访者参与农田非市场价值支付意愿的异质性分析

一般来说，受访居民参与农田保护意愿与受访个体自身的基本社会经济特征有关系。而现实中受访个体所占有的这些初始资源禀赋的不同决定了其对于相同的农田生态服务商品所具有的偏好是不同的。本书以随机效用理论为基础，运用多种形式的 Logit 模型分析受访市民和农户参与农田非市场价值保护支付意愿的影响因素。研究结果发现市民对于农田非市场价值现状的偏好异质性可以用异质性条件 Logit 进行检测，其规模指数 λ 主要与受访市民对于农田保护是否有支付意愿、是否意识到武汉市农田生态环境正在恶化和收入水平三个变量有正相关关系，并分别在 1%、5%和 10%的水平上显著，即这三个变量值越高的受访者在农田非市场价值的偏好中表现出越强烈的异质性。对农户群体来说，不考虑相关关系的混合 Logit 模型运行结果显示武汉市受访农户对农田非市场价值中的现状(ASC)和娱乐休憩价值(Recv)的偏好表现出了显著的异质性，并且显著水平都为 1%，混合 Logit 模型运行结果表明尽管在均值模型里，受访农户对于现状的平均偏好为负值，但其方差现实还有一小部分农户对于现状偏好是正向且在 5%水平上显著的；而娱乐休憩价值属性在均值模型里是不显著的，但方差现实有一部分农户对于娱乐休憩价值这一属性的偏好是正向且在 1%的水平上显著。

异质性结果的验证可以帮助农田保护决策者决定是否需要依据受访者所属全体偏好类型的不同制定出差异化的农田保护政策，更进一步还可以实现针对具体偏好类型的受访者，依据其偏好影响因素进行支付成本最小化下的效用最大化。

第6章　基于市民和农户两类微观主体视角的农田生态补偿标准

农户通过农田保护活动所产生的农田非市场价值是农田总价值中重要的组成部分，农户为保有这部分价值承担了全部的成本，价值却由社会成员（主要为市民）无偿享用，农户在这个过程中做出了特别牺牲。但是，如何对农户所无偿提供的这部分价值进行补偿，应该采取什么样的标准来补偿农户的“特别牺牲”，是决定农户是否愿意继续从事农田保护活动的关键。

本书中对于农田生态补偿标准的确定主要从市民和农户两个微观主体的视角出发，基于其各自对农田非市场价值的支付意愿，充分结合其他必要因素进行修正，详细技术路线见图6.1。具体对于市民来说，其通过税收或者捐赠方式对农田非市场价值进行意愿支付，一般会通过社会第三方或者地方政府进行具体的实施。因此，农田生态补偿的实施成本需要纳入考量，其与市民的农田非市场价值支付意愿共同组成了基于市民支付意愿的农田生态补偿标准。而对于农户，其一方面对更高的农田非市场价值有现实的需求，另一方面又因为农田保护首先未获得经济补偿而遭受福利损失。因此，两者共同组成了基于农户受偿意愿的农田补偿标准。

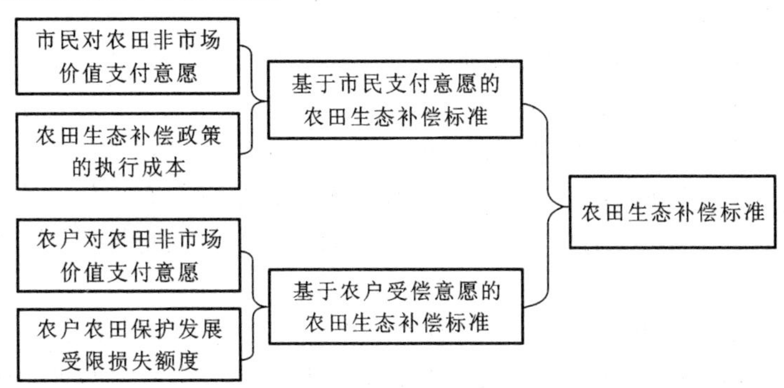

图6.1　农田生态补偿标准测算路线图

6.1 基于市民支付意愿的武汉市农田生态补偿标准测算

6.1.1 农田生态补偿实施成本

目前,我国在2004年的第十届全国人大二次会议通过的宪法修正案中首次明确提出了私有财产权和补偿的概念,但对如何建设农田生态文明和农田生态补偿应依据何种原则进行补偿并未明确规定。为了确定农田生态补偿标准是否全额按照非市场价值的大小进行设置,有必要对世界各国所设置的补偿标准原则进行回顾和总结,以期为我国当前在农田非市场价值和生态补偿标准之间关系的厘清做出一定的指导。

1. 农田生态补偿原则

基于法理的补偿原则。刑法和民法中均有关于赔偿的规定,但是“赔偿”和“补偿”分别属于私法和公法中的概念(吴汉勇,2011)。刑法和民法中的“损害补偿”即属于私法的概念,农田生态补偿虽然属于公法中的概念,但是公法与私法中关于“补偿”并不是截然不同的,其在核心定义上是一致的(林国庆,1992)。因此,本书中基于法理观点的农田生态补偿主要借鉴了刑事赔偿和民事赔偿中赔偿额度设定的原则。

刑事赔偿是国家对刑事犯罪处罚的一种方式,它规定对财产权造成损害的,按照直接损失给予赔偿。赔偿的方式包括支付赔偿金、返还财产和恢复原状三种。总体的原则是将受害人的直接损失进行全部赔偿,具体的赔偿金设置根据日工资和造成损失的劳动年限进行折合(瓮怡洁,2006)。国家赔偿则采用归责原则(criterion of liability),是界定国家司法机关、监狱管理机关及其工作人员在行使职权时是否存在侵权行为、是否造成损害后果、国家是否应当承担赔偿责任的准则,是国家承担刑事赔偿责任的依据和标准(高家伟,2009)。我国的刑事赔偿原则不应采取单一归责原则,而应以违法原则为基本归责原则、无罪赔偿原则和国家免责条款精神为辅助原则的归责体系(钟佳萍 等,2007)。

民事侵权理论往往将损害分为财产损害和非财产损害,相应的民事赔偿也分为财产权补偿和非财产权补偿两种。我国沿袭大陆法系国家的惯例,认为对于受害人遭受的财产损失和利益损失都应该依据完全赔偿原则给予全部补偿(孙雪,2008)。但对于非财产、利益性的精神补偿,直到2001年的《最高人民法院关于确定民事侵权精神损害赔偿责任若干问题的解释》中将精神损害赔偿列入民事赔偿,财产权之外的赔偿才有了法律依据。其中规定,精神损害包括积极精神损害和消极精神损害。但是由于精神损害在内容和范围上具有主观性,导致精神损害赔偿的数额具有不确定性,用多少金钱替代补偿,也无法确定(陆文彬,2006)。

刑事和民事赔偿中的补偿数额可以依据所包含财产价值予以确定。但是对于非实体性的其他财产性侵害,由于受侵害的财产价值和财产权利的多样性,给予这些牺牲或损害的补偿也不尽一致(张效羽,2013)。但是,不论在刑事还是民事赔偿中,个人财产权都给予了充分的保障和尊重,若个人财产权被剥夺或者限制后所导致的后果,不能恢复到被侵害之前的状态,对个人生活和社会稳定的影响非常巨大。在当前国家财政资金向农业倾斜的前提下,全额补偿原则应当被纳入到农田生态补偿的原则设置当中(李爱年 等,2006)。

基于财产权的补偿原则。财产权保障与平等原则是基于财产权的补偿理念的理论基础,它可以因政府行使公共权力而给公众造成财产损害。财产权的观点认为不是所有的牺牲都需要被补偿,个体的利益损害有时仍旧属于社会个体单纯的财产权的义务,并未达到特别牺牲的程度,那么此时国家不需要对其进行补偿;超过个体所应承担的社会义务性而形成的财产损害才属于“特别牺牲”的范畴,此时受损个体应得到补偿(洪家宜 等,2002)。纵观世界各个国家和地区关于财产权受到侵害时所设置的补偿原则,可归纳为三种观点:完全补偿、适当补偿和合理补偿。

1) 完全补偿

完全补偿是对关系人因财产权损害而遭受的损失给予完全的补偿;在日本,完全补偿是一项补偿的基本原则。《日本国宪法》中规定,应该将权利人所拥有的财产性价值没有增减作为正当的补偿,从这个概念上来说,其与完全补偿是一致的(陈明灿,1998a)。德国的法律则规定只有认定造成个人利益受损的原因是政府出于社会公众利益的公益性用途时,受损失的个人才能拿到全部的财产权损失额度,且认为补偿额度的多寡与公益性用途所获得许可时间的长短无关,而应该与其作为私人用途能够获得的价值量相等为补偿原则(夏秋元,2007)。

2) 适当补偿

适当补偿或相当补偿原则是对关系人因财产权遭受损害所产生的损失只要给予相当的或妥当的补偿即可;法国城镇法典的第160条第5款规定“因为分区规划而受到的限制采取不赔的原则,除非这种限制是直接的、物质的(谢敏,2012)。公民获得补偿应以其损失额度为上限。美国适用的行政补偿标准为公平补偿,立场是以原所有者承担的损失,而非新所有者所获得的利益作为衡量“公正补偿”的标准(林华 等,2013)。

3) 合理补偿

合理补偿原则是一种折中于完全补偿和适当补偿中间的补偿,其最终结果可能是完全补偿,亦可能是适当补偿。依该原则,公共利益与涉及其中的个人利益应被给予同样的权重,视为平等的衡量因素而纳入补偿设置中。

农户在其提供的农田非市场价值过程遭受福利“暴损”已取得国内外学者的共识(朱子庆,2013;蔡银莺 等,2010a),由于农户在农田保护过程中所付出的成本远低于其为全社会所贡献的农田非市场价值,因此其补偿标准设定不能以适当补偿(陈瑞主 等,2004);另外,在目前我国权利启蒙和权利制度体系还不完备,现有民众对于自身所具有的公众权利意识和保护体系的认知水平,限制了其对权利主张的要求。在个人权利遭受损害而导致财产权损失难以获得足额补偿的前提下(张效军 等,2007),普通公众对于只是过度限制其行为的规定还不能形成有效的权利主张。因此，短时间内实现完全补偿也缺乏一定的现实，适当补偿原则的立场承担原所有者的所有损失，但当农田发展受限时其真正产生的经济损失远低于其遭受的机会成本损失。因此，适当补偿原则参考下的补偿标准偏低，无法真正起到激励农户农田保护积极性的作用。综上所述，合理补偿原则被用于农田生态补偿政策的测算中。

2. 农田生态补偿的执行成本(implementation cost，IC)

对于农田生态补偿，只能采取合理补偿的原则，补偿标准需要结合完全补偿原则下的农田非市场价值、实施农田生态补偿所产生的政策成本等因素综合确定。

设置为非营利的社会第三方机构，不考虑利润，只考虑基础的政策执行成本 C，主要包括人力成本 H、固定设施租赁费 R 和日常运营成本 D，公式为

$$\mathrm{IC}=F(H,R,D) \tag{6.1}$$

为了方便进行计算，所有的成本均默认为单位农田面积的成本。

单位面积的人力成本 H 是单位人员工资水平 w 与单位面积所需工作人员数量 n 的函数；其中人员工资设定参考所在城市居民人均收入水平，2013 年月工资水平为 4 000 元/人；单位面积需要的工作人员数量参考《武汉市人民政府办公厅关于印发武汉市国土资源和规划局主要职责内设机构和人员编制规定的通知》，参照武汉市耕地保护处的编制人数，武汉市农田生态补偿工作需要聘用 18 名全职工作人员来进行具体的农田生态补偿执行工作。则每年每公顷农田生态补偿需要的人力资源执行成本为 2.570 6 元/hm^2。

单位面积固定设施租赁费 R 和单位面积的日常运营成本 D 则是根据市场比较法进行估价确定。租用的租金水平：参考市场当前的水平，经过市场比较法的测算之后，得到武汉市中心城区单位平方米的租金水平为 3 元/天。其中按照办公人员数量和 2013 年各级官员办公室面积标准：处级及以下每人办公面积不超过 9 m^2，则共需要租赁办公室面积为 $18\times9=162$ m^2，则每年每公顷农田生态补偿折合租金成本为 351.851 3 元/hm^2。

同理，日常运行成本：单位面积折合的水、电费用 1 元/天，面积仍为 162 m^2，则每年每公顷农田生态补偿折合水、电费成本为 117.283 8 元/hm^2。

因此，执行成本的最终函数表达形式为

$$\mathrm{IC}=F(wn,R,D) \tag{6.2}$$

分别将每年每公顷农田生态补偿的人力成本、租赁成本和水电费成本带入公式(6.2)得到最终农田生态补偿的单位面积的执行成本为 471.71 元/hm^2。

6.1.2　基于市民支付意愿的农田生态补偿标准确定

根据法理和财产权的观点，应该给予农户补偿全部的非市场价值，但是结合我国目前的实际情况，需要扣除一定的成本费用，建立“合理补偿”的原则(李爱年 等，2006)。在第三方非营利机构进行政策实施的前提下，仍然需要将农田生态补偿政策的实施成本纳入补偿标准的考量之中。因此农田生态补偿标准(eco-compensation criteria，EC)则可以表

达成为农田非市场价值(non market valuation,NV)与农田生态补偿这一政策实施的执行成本之间的差值则可以表达为

$$EC = NV - IC = NV - wn - R - d \tag{6.3}$$

式中:wn 为单位面积农田生态补偿每年的人力资源成本,为 2.570 6 元/hm²;R 为单位面积农田补偿每年的办公场地租金成本,为 351.851 3 元/hm²;d 则为单位面积农田补偿每年的办公场地的水电费成本,为 117.283 8 元/hm²。可计算得到基于市民支付意愿的农田生态补偿标准为 6 079.70 元/hm²,计算结果为农田生态补偿标准的计算打下基础。

6.2 基于农户受偿意愿的武汉市农田生态补偿标准测算

农户作为社会成员的主要组成部分,其在农田保护中的角色是双重的,一方面是社会成员的组成部分,愿意为保有更高水平的农田非市场价值进行一定数额的金钱或者义务劳动支付。但同时,国家为了促使农户的农田保有行为,限制了其部分的农田发展活动,农户从农田保护中遭受了经济损失。因此,应将农户的支付意愿和发展受限损失额度进行对比,最终分析得到基于农户受偿意愿的农田生态补偿标准。

6.2.1 农户农田发展受限的受限损失额度

20 世纪中期,欧美等西方发达国家开始关注土地用途管制及分区规划给农田保护、历史建筑、森林湿地等生态保护性用地范围内相关主体的福利带来的“暴损”(wipeouts)和“暴利”(windfalls)效应,认识到生态保护性的用地规划会导致处于不同分区类型中的各相关利益主体面临发展机会的不均等、环境保护责任的不公平,最终导致经济收益的不公正和福利分配的不合理。微观经济学认为,在土地发展受限的前提下,如果政府不通过有意识的再分配环节对其进行调整,就会产生不符合最高经济收益形式的土地利用方式,最终造成土地的低效利用(Lueck et al.,2003;Turnbull,2012;Innes,1997)。实践方面,在欧美等国家,私人土地发展因为受到规划或者分区政策而遭受经济损失时,政府或者其他受益人应给予其数额相当的经济补偿已成为公认的做法。具体表现有,美国的可转移土地发展补偿和国内的基本农田保护区内实施农业补贴、农机补贴等一系列补偿措施和优惠政策。国内学术界的研究也普遍认同强制性的行政农田分区保护制度,限制保护区内相关地方政府、基层组织和农户农田发展的权利,相应的经济补偿政策却滞后甚至缺失,造成各主体的福利损失,并违背环境公平(张效军 等,2007;余久华 等,2003;洪家宜 等,2002;欧阳志云 等,2002)。相较于处于对应发展时期的欧美等国,一系列休耕和森林保护分区规划也给区域内的各主体带来了福利上的“暴损”(wipeouts)和“暴利”(windfalls)现象。为了消除这种不公平的福利损益,各国开始采用市场和政府相结合的福利补偿及转移政策对利益受损益的个体进行制度或者经济上的补偿和安排。其中美国的土地发展权转移制度(transfer of development rights,TDRs)、农田保护计划(farmland

protection program)、土地退耕计划(land retirement programs)、英国的农业环境项目、瑞士生态补偿区域计划(ecological compensation areas)、澳大利亚 Mullay-Darling 流域的水分蒸发信贷案例、欧盟的农业环境资助政策(agri-environmental policies,AEPs)等便是其中典型案例代表。

农田作为人类获取食物和生产资料的载体,对人类社会发展具有重要的作用。基本农田作为农田中的精华,在国民经济建设和国家安全中具有非常重要的地位,是社会稳定的重要物质基础。基于我国人多地少,农田后备资源不足的现实条件,国家相继出台了"基本农田保护条例"、"基本农田保护区制度"等一系列从法制和行政角度加强基本农田管制和保护的任务分配制度及措施,十七届三中全会在《中共中央关于推进农村改革发展若干重大问题的决定》提出要实行"最严格的农田保护制度","坚决守住十八亿亩农田红线"。旗帜鲜明地要求"划定永久基本农田,建立保护补偿机制,确保基本农田总量不减少、用途不改变、质量有提高"。在上述各项法律和法规的制度的综合作用下,基本农田保护工作取得了一定的成效。

但是政府在实施行政命令式的任务或制度时,致使基本农田保护区内农民种田的目的及利益取向并非追求利益最大化,违背了"理性人"这一基本经济学理念,直接造成了农业生产的弱质性和比较利益的低下(蔡银莺 等,2010a;2010b),必然造成公众个体之间的权利和利益不公,并直接或者间接导致寻租行为的发生,造成全社会利益分配体系的不均衡(李彪 等,2013)。因此,估算出在土地用途管制及分区规划背景下,基本农田保护区内农户因遵守《基本农田保护条例》规定而造成的受限损失,对于量化出农户的发展受限损失额,制定出合理的征地补偿标准,防止农田向非农用地的无序流转起到经济机制上的限制作用,对于当前我国基本农田保护流于形式(划远不划近),各地政府变相(划劣不划优)或违规占用、挪用基本农田的现象也可起到一定的缓解作用。

本书主要从《基本农田保护条例》对基本农田实施"禁止在基本农田内挖砂、采石、采矿、取土、堆放固体废弃物、建坟、建窑、建房或者从事其他活动破坏基本农田"这一国家层面的法律法规出发,计算在土地所有制和土地用途不变的前提下,因农地的发展权受到限制,给农民等带来的利益损失,并以此测算武汉市农户基于发展权阶段 I 视角的农田发展受限损失额度。

1. 受访农户对所在地的基本农田政策的认知情况

为了全面了解农户对基本农田的认知程度以及基本农田在基层政府的宣传和政策实施情况,在调查时,除了调查农户对基本农田"九不准"的了解情况,还在调查时通过设计①是否听说过基本农田;②是否知道国家实行基本农田保护区制度;③是否知道村集体或者村委会与上级政府之间签订过基本农田保护责任书;④是否自己跟村集体或者村委会签订过基本农田保护责任书;⑤是否知道基本农田征收仅有国务院才有权限;⑥是否知道自家农田有没有纳入基本农田保护区等问题来揭示公众对基本农田的认知,具体结果如表 6.1 所示。其中这 6 项问题的答案设置为"是"或"否"的形式;而农户对基本农田"九不准"的认知答案则设置为"是"、"否"和"不清楚"三种形式。

表 6.1　受访农户对基本农田的认知情况

项目		是/%	否/%	不清楚/%
是否听说过基本农田?		35.52	64.48	—
是否知道实行基本农田保护区制度?		20.07	79.93	—
是否知道村集体/村委会签订过基本农田保护责任书?		8.97	91.03	—
自己是否与村集体/村委会之间签订过基本农田保护责任书?		5.52	94.48	—
是否知道基本农田征收仅有国务院才有权限?		7.93	92.07	—
是否知道自家农田有没有纳入基本农田保护区?		10.03	89.97	—
您认为在您家农田是否可以进行以下活动?	管制 1	5.90	88.89	5.21
	管制 2	9.76	86.06	4.18
	管制 3	2.79	89.20	8.01
	管制 4	2.78	89.24	7.99
	管制 5	5.23	86.76	8.01
	管制 6	6.27	86.41	7.32
	管制 7	54.51	39.58	5.90
	管制 8	37.63	55.05	7.32
	管制 9	43.40	48.96	7.64

表 6.1 中的统计数据揭示，虽然基本农田保护区制度在我国已经实施了近 20 年，但是武汉市农户对于基本农田保护的认知还处在较为浅层的阶段。

具体来说，对于问题 1“是否听说过基本农田”，受访的农户中，只有 35.52%听说过基本农田这一概念，仍旧有 64.48%的农户不了解基本农田。受访农户对于问题 2“是否知道实行基本农田保护区制度”的作答情况如下：清楚此项制度的占到样本总数的 20.07%，剩下 79.93%不清楚此项政策。问题 3“是否知道村集体/村委会签订过基本农田保护责任书”，仅有 8.97%的受访农户知道签订过，剩下的 91.03%则表示没有签订过。而对于“自己是否与村集体/村委会之间签订过基本农田保护责任书”这一项的回答中，持肯定态度的比例则更低，只有 5.52%，剩下的 94.48%则表示自己没有签订过。“是否知道基本农田征收仅有国务院才有权限”这一项中，只有 7.93%的农户知道，92.07%的农户不知道。根据受访农户对问题“是否知道自家农田有没有纳入基本农田保护区”的应答，统计发现 10.03%的农户知道自家的农田被纳入基本农田保护区，89.97%的农户是不清楚这一情况的。

根据表 6.1 中农户对于基本农田的“九不准”的限制情况：针对 1 到 6 这 6 项管制活动，认为这些活动不可以在自己承包地内进行的农户比例分别为 88.89%、86.06%、89.20%、89.24%、86.76%和 86.41%，说明基本农田保护制度实施的 20 年来，虽然农户对于基本农田这一概念的认知比较薄弱，但是农户对于基本农田明令禁止的具体内容还是比较了解的。总体而言基本农田政策推广的工作成效不容乐观,仍有39.58%的农户认为可以将自己承包地或者租种的农田用于种树或者改种果园、55.05%的农户认为可以将承包地用于挖塘养鱼、48.96%的农户则认为可以任意闲置、荒芜自家农田。而后三项活动也是在实际调研中经常遇到的情况,基本农田保护在基层的宣传和推行工作还有进步空间。

2. 受访农户对基本农田受限的介意程度

为了得出农户在接受农田生态保护政策时对基本农田保护所附带的限制条件的接受程度,根据《基本农田保护条例》中的9项规定,分别询问农户对其限定的介意程度,答案采用五分类李克特量表的形式进行设定,分别为完全不介意、不介意、一般介意、比较介意和非常介意。具体的访谈统计结果如表6.2所示。

表6.2 农户对农田发展受限的介意程度 (单位:%)

项目	完全不介意	不介意	一般介意	比较介意	非常介意
管制1	80.69	4.83	12.76	1.03	0.69
管制2	79.31	3.79	14.14	1.38	1.38
管制3	80.62	3.82	13.49	1.38	0.69
管制4	83.74	4.15	11.07	1.04	0.00
管制5	82.41	3.80	12.76	1.03	0.00
管制6	82.41	2.42	14.14	0.69	0.34
管制7	72.76	5.51	16.21	0.69	4.83
管制8	77.93	5.52	15.17	0.00	1.38
管制9	75.52	4.14	18.62	0.00	1.72

根据表6.2的结果可知,将近80%的农户对基本农田所规定的诸多限制持完全不介意的态度,其中对于管制1(限制建设道路和工厂)、管制3(限制建坟)、管制4(限制挖砂、采石、采矿)、管制5(限制取土)、管制6(限制堆放固体废弃物)持完全不介意态度的农户都超过了80%,分别为80.69%、80.62%、83.74%、82.41%、82.41%。这其中,农户对限制基本农田用于挖砂、采石、采矿最不介意,因为武汉市农田的砂、石、矿分布不是特别常见。

更进一步的,农户对管制7(限制种树或改成果园)、管制9(限制闲置和荒芜)的介意程度超过了20%,分别为21.73%和20.34%。具体来说,农户对于限制其在自己的承包地或由他人那里流转来的承包地内种树是非常介意的,因为武汉市的农田,特别是近郊区农田种植花卉、苗木的利润空间是非常大的,或者改种经济林相比于传统的粮食和经济作物种植,可以节省大部分的劳力,不耽误其就地或者外出务工的机会。

3. 农田发展受限给农民带来的经济损失

为了计算农户由于基本农田保护条例限制所遭受的经济损失，有必要就农户对基本农田保护条例这一概念进行调研，根据实践调研结果，农户对于基本农田保护条例的认知情况如表 6.3 所示。

表 6.3　受访农户对基本农田保护条例的认知情况　（单位：%）

项目	完全不了解	仅听说过	了解一点	比较熟悉
是否了解《基本农田保护条例》	62.02	9.76	26.13	2.09

根据表 6.3 可知，62.02%的受访农户对基本农田保护条例完全不了解，9.76% 的受访农户表示仅听说过，26.13%的受访农户则表示了解一些，只有 2.09%的受访农户对这一政策比较熟悉。

为了进一步量化基本农田规划管制给农户带来的福利损失，调研中通过构建假想市场询问农户：假设农户遵循基本农田相关管制条件时，是否应该得到补偿，若是，则询问其最低的接受意愿。农户对于其自身因为基本农田保护条例而造成的发展受限带来的经济损失是否应该得到补偿这一情况进行作答，具体的统计结果如表 6.4 所示。

表 6.4　受访农户对农田发展受限补偿的认知情况　（单位：%）

项目	应该有	不该有	没想过
是否认为这些限制应该被补偿?	41.27	11.15	47.58

根据表 6.4 可知，针对农户认为其在遵守基本农田保护条例的基础上，自身是否应该受到来自政府或者社会第三方的经济补偿，41.27%的农户认为应该得到相应的经济补偿，11.15%的农户表示这是自身应尽的义务，不应该被补偿，更大比例(47.58%)的农户则表示从来没有想过这个问题，自身持有比较犹豫的态度。

更进一步的，农户最低受偿意愿构建的农户农田发展受限损失额度可以根据基本农田保护条例对农户的 9 项管制政策，运用期望效益函数来进行估算，具体公式为

$$y = \sum_{i=1}^{9} p_i \times x_i \quad (i = 1,2,\cdots,9) \tag{6.4}$$

式中：x_i表示单个样本的 WTP 值，p_i表示单个样本的相对频率。

对最终获得的 290 个有效样本运用期望函数求其加权平均值，即得到农户因为农田发展受限而遭受的损失额度。计算得到农户因单位面积的基本农田保护而遭受的发展受限损失额为 8 674.84 元/hm^2。根据余亮亮等(2014a;2014b)的研究结果：中部地区农户的年均福利损失为 3 186～5 274 元/ hm^2，东部地区农户的年均福利损失为 563～11 572 元/hm^2。分别折合到 2015 年，进行对比发现：本书的研究结果略高，但两者之间的值相差不大，与经济增长的现实相符。说明基本农田的规划管制政策对于基本农田保护区内农户的收益有较大的损失影响。

4. 农田发展受限给农民带来经济损失的影响因素

根据前人(蔡银莺 等,2008;Hanemann,1991)的研究,综合实地调查情况,受访者的支付意愿会受到个人基本社会、经济特征的影响。在这里,选取受偿意愿作为被解释变量y,自变量x_i代表农户自身的社会经济变量,诸如性别、年龄、文化程度、村干部、农业种植经验年限、家庭年收入、是否兼业,将其与农户的受偿意愿之间建立多元线性回归数学模型,在Stata上进行相关性分析,变量的定义如表6.5所示,多元线性回归模型的运行结果如表6.6所示,$Pr>|t|$大于0.10表示有显著相关关系。需要注意的是,只有显著性的结果被列入表6.5和表6.6。

表6.5　农户社会经济变量赋值

变量名称	变量定义	均值
兼业	受访农户是否从事农业之外的兼业活动,是=1,否=0	0.125 5
农业收入	受访农户家庭农业年均净收入	6 887.05

表6.6　受访农户农田发展受限补偿接受意愿的影响因素

变量名称	系数	标准差	T值	P值	95%置信区间
兼业	212.28	83.44	2.54	0.01	47.27,377.30
农业收入	0.01	0.00	1.98	0.05	0.00,0.02
常数项	517.61	31.52	16.42	0.00	455.27,579.94

模型在软件上的运行结果表明,与农户的受偿意愿呈显著性正相关关系的因素有:①是否具备专业技能。具备专业技能的农户因为体会到了专业非农技能所能带来的经济收入提高,无暇在农业生产中投入更多的劳力,因此对于农田的诸多限制有更高的受偿意愿。②家庭农业纯收入。家庭农业纯收入越高,其受偿意愿越高,可能是家庭农业收入较高的农户在农田里投入的生产资料和劳动力越多,其从事非农的机会成本越高,进而抬升了其受偿意愿。

国家为了粮食安全和社会稳定对基本农田采取了严厉的管制政策,造成了管制区内外在发展机会和经济、社会福利方面的一系列不均衡,导致了土地资源的低效率利用。从《基本农田保护条例》对农户从事农业生产限制的“九不准”的角度出发,运用最低受偿意愿的方法,得出以下结论。

(1) 虽然武汉市农户对于基本农田的认知还处在较为浅层的阶段(62.02%的受访农户表示完全没听说过基本农田保护条例),但现实中除了与实际生活联系比较密切的管制7、8、9三项管制政策农户的认同程度低于50%以外,对于其余6项的管制政策,平均80%的农户对这些管制政策的认知同基本农田保护的相关管制政策是一致的。

(2) 规划管制下，农户对管制 2(限制私人建房)、7(限制种树或改成果园)、8(限制挖塘养鱼)、9(限制闲置和荒芜)的介意程度都超过 20%。农户因保有基本农田而发展受限的年均损失额为 8 674.84 元/hm^2，是一个不容忽视的福利损失。

(3) 在估算规划管制下基本农田保护区内农户的发展受限损失时，只是从基本农田保护条例的视角进行考虑和估算，并没有对农田用于其他非农用途的经济损失进行估算，从这个角度出发，本书测算的只是在保持农田农用的前提下，农户所遭受的发展受限损失。

6.2.2　基于农户受偿意愿的农田生态补偿标准确定

根据法理和财产权的观点，应该给予农户补偿全部的农田发展受限损失，但是农户作为社会成本的一个主要组成部分，其在生产过程中也对于农田非市场价值具有正的支付意愿，需要扣除这一部分的价值，建立“合理补偿”的原则。因此，基于农户受偿的角度，农田生态补偿标准(eco-compensation criteria，EC)则可以表达成为农户农田发展受限损失额度(farmland development restriction，FDR)与农户对农田非市场价值支付意愿之间的差值，则可以表达为

$$EC=FDR-WTP \tag{6.5}$$

农户单位面积农田发展受限损失为 8 674.84 元/hm^2，农户单位面积农田非市场价值支付意愿为 1 141.88 元/hm^2，则可得到最后的基于农户受偿意愿的农田生态补偿标准为 7 532.96 元/hm^2，为后面章节中区域内农田生态补偿财政转移支付额度的计算打下基础。

6.3　本 章 小 结

本书从农田生态系统产生的非市场价值出发，在明晰研究框架和分析各环节相关参与群体之间关系的基础上，依据相关利益主体关系将农田生态补偿分为微观主体视角(市民和农户)的农田生态补偿和宏观地方政府视角(区域内和区域间)的农田生态补偿。其中基于市民和农户两类微观主体视角的农田生态补偿标准的确立是关键。

根据法理和财产权的观点，应该将市民对于农田非市场价值的支付额度全部补偿给农户。但是结合我国目前的实际情况，需要扣除一定的成本费用，建立“合理补偿”的原则(李爱年 等，2006)。在第三方非营利机构进行政策实施的前提下，仍然需要将农田生态补偿政策的实施成本纳入补偿标准的考量之中。因此基于市民支付意愿的农田生态补偿标准则可以表达成为农田非市场价值与农田生态补偿这一政策实施的执行成本之间的差值。对于农户来说，其作为社会成本的一个主要组成部分，在生产过程中也产生一定的负面外部性，对于农田非市场价值具有正的支付意愿，需要扣除这一部分的价值，建立“合理补偿”的原则。

1. 农田生态补偿的执行成本确立

根据法理和财产权的观点，应该给予农户补偿全部的非市场价值，但是结合我国目前的实地情况，需要扣除一定的成本费用，建立“合理补偿”的原则（李爱年 等，2006）。在第三方非营利机构进行政策实施的前提下，仍然需要将农田生态补偿政策的实施成本纳入补偿标准的考量之中。因此，农田生态补偿政策执行成本的测算是以非营利机构模式为基础，从人力成本、办公场地租赁成本和日常基本运营成本三者出发，运用文献资料和市场调研方法，包含人员成本、场地租赁成本和水电费成本三项，可计算得到武汉单位面积农田生态补偿执行成本为 471.705 7 元/hm^2。

2. 农户农田发展受限损失测算

农户作为社会成本的一个主要组成部分，除了对更高水平的农田非市场价值有支付意愿外，农户在生产过程中也因遵守基本农田“九不准”（禁止修路、建房、建坟、挖砂采石、取土、堆放固体废弃物、改种果园、挖塘养鱼或者闲置荒芜等活动）原则时所遭受的农田发展受限损失，需要将两部分的价值做差值计算，建立“合理补偿”的原则。农户农田发展受限损失以武汉市江夏区的基本农田保护区为调研地点，以农户对基本农田“九不准”管制的调研为数据来源，实地调研分析农民对于基本农田规划管制下土地发展权受限的认知、态度及差异，运用期望值函数测算出禁止修路、建房、建坟、挖砂采石、取土、堆放固体废弃物、改种果园、挖塘养鱼或者闲置荒芜等活动对农民所带来的经济发展受限损失额度。研究结果显示在基本农田保护管制下，武汉市农户对因保有基本农田而发展受限的年均损失额为 8 674.84 元/hm^2，该额度是一个不容忽视的福利损失额度。

3. 基于受访者支付/受偿意愿的农田生态补偿标准测算

微观主体视角上，依据 288 份市民问卷和 289 份农户问卷的调研资料，以选择实验法为基础，分别测算武汉市市民和农户对农田非市场价值的支付意愿，分别结合农田生态补偿的执行成本和农户农田保护的发展受限损失，得到基于市民支付意愿和农户受偿意愿的武汉市单位面积的农田生态补偿标准。因此，基于农户受偿意愿的农田生态补偿标准则可以表达成为农田非市场价值与农户农田发展受限损失额度之间的差值。

结合上一章计算，得到的折合单位面积武汉市受访市民对农田非市场价值的支付意愿为 6 551.40 元/hm^2，武汉市受访农户的农田非市场价值的支付意愿为 1 141.88 元/hm^2。在调研数据计算得到的单位面积农田生态补偿执行成本（471.71 元/hm^2）和农户农田发展受限额度（8 674.84 元/hm^2）的基础上，结合法理和财产权中的观点，分别测算了基于市民支付意愿和农户受偿意愿的农田生态补偿标准值分别为 6 079.70 元/hm^2 和 7 532.96 元/hm^2。

第7章 基于市民和农户两类微观主体视角的农田生态补偿模式及方式选择

生态补偿的相关利益群体和补偿标准确立之后，补偿模式设置就成为至关重要的问题，执行成本低、操作方便的补偿模式不仅是生态补偿政策顺利开展的客观要求，而且是由补偿主体的多元性与补偿对象需求的多样性共同决定的。由于补偿方式是除了补偿标准之外，影响受访者农田补偿模式选择的主要因素，因此，兼顾公平与效率的合理补偿方式直接关乎农田生态补偿工作的成效，需要对其进行深入研究。总体而言，了解市民和农户两大主要微观群体对各种补偿模式和方式的偏好，有助于农田保护决策者提高政策制定水平，推进整个农田生态补偿工作效率的提升。

7.1 理论框架

在已有的文献里，集中研究受访者对农田生态补偿模式和方式偏好的文献较少。在总结已有农田生态补偿模式的基础上，对不同利益群体的农田生态补偿模式和方式偏好进行总结和对比分析，可以使决策人更全面地了解其他城市模式操作的优缺点和不同社会群体的意见。在此基础上制定出更合理的、符合现实情况的农田生态补偿的操作模式和补偿方式。最终使得农田生态补偿的支付群体按其意愿进行最高额度的支付（Huber et al.,2011），接受群体得到其希望得到的补偿，切实提高农田生态补偿工作的成效。

因此，本章拟解决以下三个问题：①在已有的实施农田生态补偿的四个城市的补偿模式里，哪一种对武汉市的农田生态补偿设计和实施更具有借鉴意义？②常用的四种农田生态补偿方式里，哪一种更能得到武汉市市民和农户的认同？③常影响武汉市市民和农户对各种补偿模式和补偿方式认同的因素有哪些？具体的研究思路如图 7.1 所示。

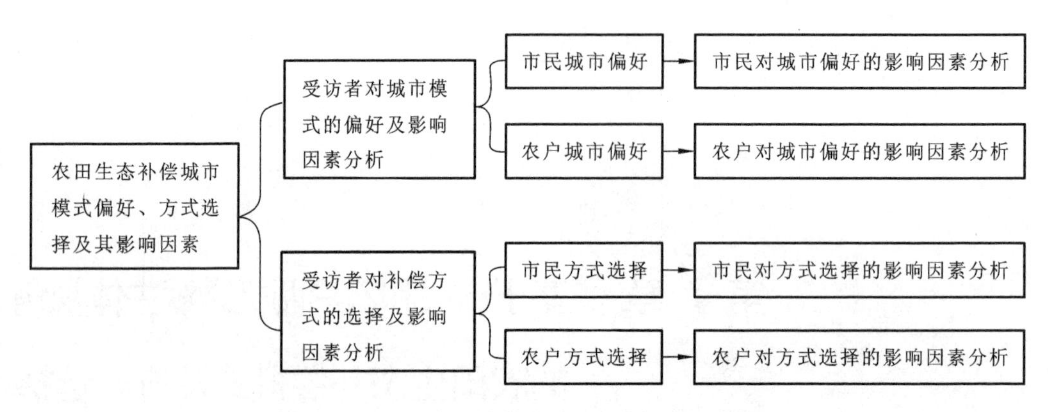

图 7.1　农田生态补偿模式及方式偏好分析路线图

7.1.1　农田生态补偿模式概况

自“十二五”规划纲要明确提出要提高社会主义生态文明开始，农田补偿制度开始逐步在国家颁布的一些重要文件和出台的政策中得到体现，四川省成都市、广东省佛山市、江苏省苏州市及上海市闵行区等一些财政实力充裕、经济发达的城市和地区也积极探索农田保护经济补偿或生态补偿的实践，分别简称为成都模式、佛山模式、苏州模式和上海模式。各城市农田生态补偿模式因在实践操作中对于补偿主体、补偿对象、补偿客体、补偿依据、补偿标准、补偿方法和补偿资金来源的规定不尽相同，为了方便受访者能在短时间内对四种模式有简单的认识，经过对各种文件以及文献资料的搜索和整理，将四个城市在实践中关于农田补偿的具体信息整理如表 7.1 所示。

表 7.1　四种城市农田生态补偿模式说明

补偿模式	补偿主体	补偿对象	补偿客体	补偿依据	补偿标准	补偿方法	补偿资金来源
成都模式	市级人民政府	村集体和农民	农田	质量	基本农田：400 元/亩；一般农田：300 元/亩	农业保险补贴（10%）；农户养老保险补贴（90%）	新增建设用地有偿使用费和土地出让收入
佛山模式	市级人民政府	村集体和农民	基本农田	区位	发达区：500 元/亩；欠发达：200 元/亩	作为农业基础设施建设（20%）；农户自主决定（80%）	区、镇两级一般财政收入

续表

补偿模式	补偿主体	补偿对象	补偿客体	补偿依据	补偿标准	补偿方法	补偿资金来源
苏州模式	市级人民政府	村集体和农民	农田	质量和区位	基本农田、连片水田：400元/亩；一般农田：200元/亩	完全由农户自主决定	市、区两级财政预算安排、土地出让收入划拨、上级专项补助、社会捐助
上海模式	市、区级人民政府	村集体和农民	基本农田	面积	800元/亩	村公共支出(300元)；由农户自主决定(500元)	市、区、镇三级财政

四个城市中补偿主体和补偿对象是严格相同的，补偿主体都是市级人民政府，补偿对象都为村集体和农民。但补偿客体、补偿依据、补偿标准、补偿方法和补偿资金来源的规定不尽相同，各模式在具体操作中的执行方式和优缺点总结如下。

成都模式的补偿对象为所有农田，但补偿标准主要依据农田质量进行设置，对基本农田和一般农田做出了一定的区分；并对于补偿资金的用途给出了严格的限制，所需的补偿资金来源也明确限定为新增建设用地有偿使用费和土地出让收入。成都模式的优点在于政府可以直接帮忙解决养老保险和农业保险问题，这对于家中有老人、农田面积种植较多的农户群体较为有利。佛山模式的补偿对象只是基本农田，但补偿标准依据农田所在区位，对于发达区和欠发达区的农田设置了显著不同的补偿标准；补偿用途中严格规定了用于农业基础设施建设的资金比例。佛山模式充分考虑了区位因素对于土地价值和农民收入的显著性影响，并且也明确了农业基础设施建设的投入比例，有利于农田的长远保护。但补偿资金来源只是区、镇两级的财政收入，缺乏更明晰的具体名目。苏州模式中补偿对象与成都模式一样，都是所有的农田；区位和质量都被当作区分补偿标准的主要依据，并对基本农田、连片水田和一般农田制订了差异化的补偿标准，发放的农田生态补偿资金完全由农户自主决定用途，资金来源包括了财政预算安排、土地出让收入划拨、上级专项补助和社会捐助。苏州模式中资金完全由农户自主支配，这可以最大限度地避免资金发放过程中的寻租和腐败现象。上海模式中补偿对象只是基本农田，补偿依据为面积，资金由村公共支出和农户按照比例共同决定。上海模式是四种补偿模式中单位面积补偿额度最高的模式，也规定了村公共支出的份额，可以有效地提升农村基础设施水平。

综上所述，不难发现补偿标准作为农田生态补偿的核心环节，一般来说是由农田的区位和质量决定的。可以解释为农田区位距离城市越近，面临的农地非农化的机会越多，连片区应得到的农田生态补偿数额应越多，这在佛山市已经实施的基本农田保护经济机制中得到了具体反映，即发达区的农田补偿标准为500元/亩，欠发达区为200元/亩；另外一个层面是其与相近的农田是否可以连片，连片的农田因其在农业景观提供上的优越性，理应得到更多的补偿。苏州市的农田生态补偿专项资金便贯彻了这一标准，即连片水田为400元/亩，一般水田为200元/亩。农田的质量越高，其农业经济产出和非市场价值的功能越高，因此也应该给予更高数额的农田生态补偿。补偿标准一直是农田生态补偿研究的难点和关键，理论上其应该小于农田非市场价值的消费者对其的支付意愿，同时要高于供给者为提供农田非市场价值所放弃的机会成本。因为过低的补偿金额无法起到激励农户进行农田非市场价值保有的积极性，过高的补偿金额则会因超出了财政支付体系的支付能力而无法付诸实施。补偿资金一般来源于财政预算，但是与建设占用农田收益有关的新增建设用地有偿使用费、土地出让收入也被逐步地纳入到补偿资金的来源之中，还有一部分来自上级专项补助和社会捐助。已有的各城市采用的补偿操作模式中对补偿资金去向的要求也不尽相同：成都市的农田保护基金中采用10%的资金用于农户购买农业保险补贴，90%则为农户购买养老保险补贴的方式；佛山市则是20%用于农业基础设施建设，剩下的80%由农户自己决定；苏州的农田生态补偿资金则全部直接以现金的形式发放给农户；上海市800元/亩的基本农田生态补偿中，规定300元用于村公共支出，剩下的500元则由农户自主决定。

已实施的农田生态补偿的实践探索及创新试点集中在地方财政实力充裕、经济发达的东南沿海区及改革配套综合试验区。而这些地区积极试验示范、探索建立耕地及基本农田保护的补偿制度及财政转移支付模式，提高地方政府、农村基层组织及农民等直接利益主体参与耕地及基本农田保护的积极性，减轻耕地占补平衡的压力。武汉市属于我国粮食主产区，承担农田保护责任较重，其经济相对落后、地方财政困难，短期内实施农田生态补偿政策仍存在难度。但从总体上来看，其与成都市的基本经济和财力状况较为相似。因此，整体思路设计上成都模式的借鉴意义较大，但也应充分考虑到其他模式灵活、弹性的优点，避免寻租现象和农户短期内无法得到经济收益而参与性不高的现象的发生。

7.1.2　农田生态补偿方式概况

农田生态补偿方式有着不同的类别划分体系。中国生态补偿机制与政策研究课题组(2007)认为生态补偿根据补偿途径可分为资金补偿、实物补偿、政策补偿和智力补偿；陈源泉等(2007)则将协调生态系统退化手段分为命令控制型(command and control)和经济激励(market-based instruments)两种手段。依据我国农田生态补偿主要依靠行政力量进行推进的现状，采用当前使用最广泛的农田生态补偿方式划分办法，即根据补偿途径划分的资金补偿、实物补偿、政策补偿和技术补偿四种方式(中国生态补偿机制与政策研究课题组，2007)。四种方式的定义及其优缺点具体介绍如下。

现金补偿就是由中央或者地方政府建立专门的农田生态补偿资金账户，补偿款以专项资金的方式发放给农户或打到农户的银行账户上，是最直接、最常见的补偿方式。现金补偿具备诸多优点，其不仅操作简单且可以根据农户的需要自由支配。其次，可以杜绝欺瞒和克扣的现象，保证补助资金按照规定发放到自己手中，可以最大限度地避免农田生态补偿资金的使用过程中寻租、贪腐等现象的产生。但从长远来说，现金补偿属于“输血式”补偿，不利于农户及其所在家庭的长远发展。

相对于现金补偿，实物补偿、技术补偿和政策优惠补偿都属于“造血式”的能力补偿方式。实物补偿则是直接给农户提供必需的生产和生活用品，诸如农药、化肥、种子、农业机械器具和家具等，使得农户的生计维持在一定的水平之上。实物补偿虽然可以解决部分农民购买难、买入价高的问题，有助于他们更方便地发展生产。但是实物补偿无法兼顾不同类型耕作类型农户对于农资千差万别的要求，同时寻租现象和质量问题使农户对于政府代购的农资质量存在不完全信任的情况。

技术补偿也可以称作智力补偿，它是为农田生态补偿区内的农户提供农业种植技术讲座、法律维权培训讲座、农业新兴技术使用讲座以及为转移剩余劳动力而开展的汽车驾驶培训机构、厨师课程培训机构等。技术补偿可使得农户借助于生态补偿这一新兴补偿手段实现生计资本的优化和转型，提高可持续生计能力。因为技术补偿不仅可以提高农业生产技能，还可以提供新的生产技能，有助于他们从事非农产业，拓宽就业渠道。但是已有的技术(智力)补偿培训方式单一、针对性不强、技术人员流动性大，使补偿流于形式。

政策补偿则是为农户提供在税收优惠和减免方面的补偿，诸如农村农业生产和生活物资销售点的税收减免、农副产品加工和转移产业的税收优惠等。政策补偿可以为有一定积蓄的农户提供更大更长远的发展机会，不仅有助于农户自身生活水平的提升，还有潜力实现农业产业链的拉长建设和农村劳动力的就地转移。但是我国目前的政策补偿体制不灵活，全国统一的财政转移支付制度很难照顾到各地千差万别的生态环境问题，并且运行和管理成本高，许多专项资金往往由于高额的管理成本而难以发挥效益。

7.2　基于市民和农户视角的武汉市农田生态补偿模式偏好及影响因素分析

7.2.1　基于市民视角的农田生态补偿模式偏好及影响因素分析

1. 受访市民对农田生态补偿模式的偏好

市民作为农田生态补偿资金的提供者，对其偏好的行为动机进行分析有利于政府或者独立的第三方筹集到更多的农田生态补偿资金，也可为政府决策人设计出更适合武汉的农田生态补偿操作办法提供基础性的建议；另一方面可以对其所支付的农田生态补偿资金起到一定的监督作用，进而提高农田生态补偿工作的效率。

调查结果显示，受访市民对四种补偿模式选择意愿比较平均。除去 2 份缺省问卷，在其余的 286 份问卷中，共有 68 位受访市民选择“成都模式”(占到 23.78%)，74 位受访市民选择“佛山模式”(占到 25.87%)，75 位受访市民选择“苏州模式”(占到 26.22%)，68 位受访市民选择“佛山模式”(占到24.13%)。具体结果如图7.2所示。

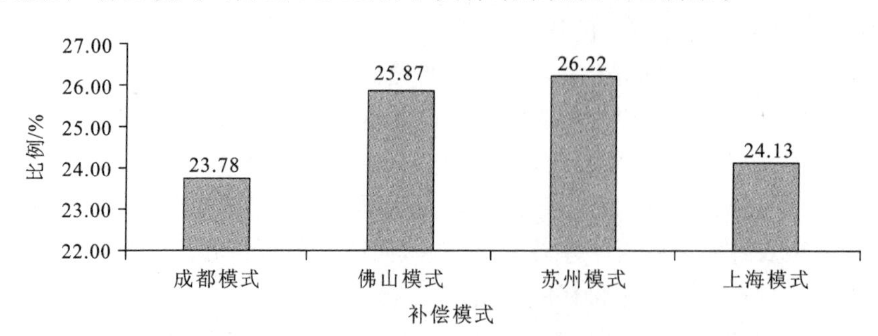

图7.2　受访市民农田生态补偿模式偏好

2. 受访市民对农田生态补偿模式偏好的相关变量定义

在市民被调查的一系列基本社会经济特征和对当前武汉市的农田非市场价值认知态度中,市民被询问了当前农田肥力、河流水质在其生活中的重要程度、农田面积和农田肥力的下降程度,问题答案都以五分类李克特量表的形式设置。受访市民对农田非市场价值提高、是否需要补偿的态度以及受访者的性别、年龄、是否户主等信息也被列入可能会对其选择产生影响的因素,具体如表7.2所示。

表7.2　受访市民农田生态补偿模式偏好相关社会经济及认知变量定义

变量名称	变量定义	编码	均值
农田肥力 * 重要性	农田肥力的重要程度	5分类里克特量表	3.700 3
河流水质 * 重要性	河流水质的重要程度	5分类里克特量表	4.170 7
农田面积 * 下降程度	农田面积的下降程度	5分类里克特量表	3.771 1
农田肥力 * 下降程度	农田肥力的下降程度	5分类里克特量表	3.704 2
是否提升	农田非市场价值是否有必要提高	是=1,否=0	0.961 5
是否补偿	是否赞成农田生态补偿	是=1,否=0	0.725 7
是否存款	是否有存款	是=1,否=0	0. 805 0
是否户主	是否为户主	是=1,否=0	0.371 3
年龄	受访者的年龄	年	32.670 3
性别	受访者的性别	男=1,女=0	0.693 7

注:* 表示该属性变量与受访者相关社会经济及认知变量的交互项

表7.2显示受访市民认为河流水质的重要程度已经超过4分,而受访者对农田面积和农田肥力的重要程度评价比较接近,都为3.7分。另外,96.15%的受访市民认为武汉市当前的农田非市场价值有必要提升,72.57%的受访市民愿意为此进行一定数额的金钱支付。个人信息方面,80.50%的受访市民表示家庭有一定结余存款,37.13%的受访市民为家庭户主,受访市民的平均年龄在32岁,69.37%的受访市民为男性。

3. 受访市民对生态补偿城市模式偏好的影响因素分析

运用 STATA 12 中的 mlogit 对各种影响市民选择农田生态补偿城市模式的因素进行分析，以选择苏州模型的市民作为对照组，分析市民选择成都模式、佛山模式和上海模式相对于选择苏州模式的人群的概率，最后得到如表 7.3 所示的回归结果。最大似然值为－323.772 4，Pseudo 拟合优度为 0.092 3，P 值为 0.000 2，说明该模型是可信的，可以用来对市民选择农田生态补偿的方式进行科学解释。

表 7.3　市民农田生态补偿模式偏好的影响因素

补偿模式	系数	发生比	标准差	Z 值	显著性
成都模式					
农田肥力 * 重要性	−0.220 0	0.802 5	0.193 1	−1.140 0	0.254 0
河流水质 * 重要性	0.483 6	1.621 9	0.200 4	2.410 0	0.016 0
农田面积 * 下降程度	−0.245 7	0.782 2	0.209 9	−1.170 0	0.242 0
农田肥力 * 下降程度	−0.115 5	0.891 0	0.236 4	−0.490 0	0.625 0
提升意愿	0.143 9	1.154 8	1.468 0	0.100 0	0.922 0
是否补偿	0.206 6	1.229 4	0.434 4	0.480 0	0.634 0
是否存款	0.521 7	1.684 9	0.431 2	1.210 0	0.226 0
是否户主	0.244 8	1.277 4	0.492 2	0.500 0	0.619 0
年龄	0.018 7	1.018 9	0.015 7	1.190 0	0.233 0
性别	−0.146 6	0.863 6	0.416 5	−0.350 0	0.725 0
常数项	−1.411 8	0.243 7	1.997 4	−0.710 0	0.480 0
佛山模式					
农田肥力 * 重要性	−0.227 1	0.796 8	0.195 3	−1.160 0	0.245 0
河流水质 * 重要性	0.182 4	1.200 1	0.192 6	0.950 0	0.344 0
农田面积 * 下降程度	−0.399 4	0.670 7	0.209 8	−1.900 0	0.057 0
农田肥力 * 下降程度	0.450 6	1.569 3	0.235 8	1.910 0	0.056 0
提升意愿	−2.275 4	0.102 8	1.139 9	−2.000 0	0.046 0
是否补偿	0.068 0	1.070 3	0.416 3	0.160 0	0.870 0
是否存款	1.158 3	3.184 6	0.472 1	2.450 0	0.014 0
是否户主	−0.022 5	0.977 7	0.502 2	−0.040 0	0.964 0
年龄	0.022 4	1.022 7	0.015 8	1.420 0	0.155 0
性别	0.693 2	2.000 1	0.411 9	1.680 0	0.092 0
常数项	−0.487 8	0.614 0	1.744 9	−0.280 0	0.780 0

注：1. * 表示属性变量与受访者相关的社会经济及认知变量的交互项；2. 苏州模式为对照组

续表

补偿模式	系数	发生比	标准差	Z值	显著性
上海模式					
农田肥力*重要性	−0.478 1	0.620 0	0.199 9	−2.390 0	0.017 0
河流水质*重要性	0.590 9	1.805 6	0.213 6	2.770 0	0.006 0
农田面积*下降程度	−0.421 2	0.656 3	0.214 1	−1.970 0	0.049 0
农田肥力*下降程度	0.406 2	1.501 1	0.246 6	1.650 0	0.100 0
提升意愿	−0.986 9	0.372 7	1.283 9	−0.770 0	0.442 0
是否补偿	−1.018 0	0.361 3	0.426 3	−2.390 0	0.017 0
是否存款	0.477 1	1.611 4	0.462 4	1.030 0	0.302 0
是否户主	0.962 9	2.619 2	0.526 4	1.830 0	0.067 0
年龄	0.035 7	1.036 4	0.016 4	2.180 0	0.029 0
性别	−1.388 3	0.249 5	0.510 1	−2.720 0	0.006 0
常数项	−0.573 1	0.563 8	1.948 2	−0.290 0	0.769 0

注：1. * 表示属性变量与受访者相关的社会经济及认知变量的交互项；2. 苏州模式为对照组

表7.3模型结果表明：相对于那些认为苏州模式最有效的市民特征而言（以下的比较都是以选择苏州模式为对照组），从对河流水质重要程度的观点上看，认为河流水质更重要的受访市民相对那些认为其不重要的市民更趋向于苏州模式，而认为农田肥力下降的、家庭有盈余存款的男性受访市民更倾向于选择佛山模式；是户主的受访市民也更倾向于选择实物补偿和技术补偿；认为河流水质对其生活重要、农田肥力下降程度严重的年长户主更愿意选择上海模式。具体如下。

（1）相比于参照组，市民选择成都模式，主要受市民对河流水质重要程度的显著性影响，其系数为0.483 6。具体来说市民对河流水质重要程度的评分每增加1分，其选择成都模式的概率比选择苏州模式的可能性就会相应的增加62.19%。

（2）相比于参照组，市民选择佛山模式，主要受市民对农田面积、农田肥力下降程度的态度、农田非市场价值是否有必要提升、家庭是否有盈余存款和性别因素的显著性影响，系数分别为−0.399 4、0.450 6、−2.275 4、1.158 3和0.693 2。表明市民对农田面积下降程度的评分每增加1分，选择佛山模式比选择苏州模式的可能性增加57%；市民对农田面积非市场价值从不需要提升变为需要提升，选择佛山模式比选择苏州模式的可能性就降低90%；而从家庭无盈余存款变为有盈余存款，选择佛山模式比选择苏州模式的可能性就增加2.18倍；性别为男性的受访市民，选择技术补偿比选择现金补偿方式的可能性比女性受访者的可能性增加1倍。

（3）相比于参照组，市民选择上海模式受到的影响因素更多，具体包括受访市民对农田肥力和河流水质重要程度的态度、对农田面积、农田肥力下降程度的态度、是否赞成对农田非市场价值进行补偿、是否户主、年龄和性别，系数分别为－0.478 1、0.590 9、－0.421 2、0.406 2、－1.018 0、0.962 9、0.035 7和－1.388 3。

说明受访市民对农田肥力重要程度的评分每增加1分，其选择上海模式比选择苏州模式的可能性就降低38%；市民对河流水质重要程度的评分每增加1分，其选择上海模式比选择苏州模式的可能性就增加80%；受访市民对农田面积下降程度的评分每增加1分，其选择上海模式比选择苏州模式的可能性就降低34%；市民对农田肥力下降程度的评分每增加1分，其选择上海模式比选择苏州模式的可能性就增加50%；市民从不赞成农田面积非市场价值到赞成，其选择上海模式比选择苏州模式的可能性就降低64%；是户主的受访者选择上海模式比选择苏州模式的可能性相较于非户主增加1.61倍；受访市民每增加1岁，其选择上海模式比选择苏州模式的可能性增加4%；男性受访市民选择上海模式比选择苏州模式的可能性相较于女性降低了75%。

7.2.2　基于农户视角的农田生态补偿模式偏好及影响因素分析

1. 受访农户对农田生态补偿模式的偏好

农户作为农田生态补偿的直接受益主体，其对农田生态补偿模式的偏好事关农田生态补偿工作的直接成效，受访农户的偏好信息同样也是为政府决策人员设计出合理的农田生态补偿操作办法所应参考的重要信息源。调查结果显示，在补偿方式选择中，超过70%的受访农户集中选择现金补偿方式，他们对补偿模式选择意愿比较平均。除去1份缺省问卷，在其余的289份问卷中，共有94位受访农户选择“成都模式”（占到32.53%），25位受访农户选择“佛山模式”（占到8.65%），86位受访农户选择“苏州模式”（占到29.76%），84位受访农户选择“上海模式”（占到29.07%）。具体结果如图7.3所示。

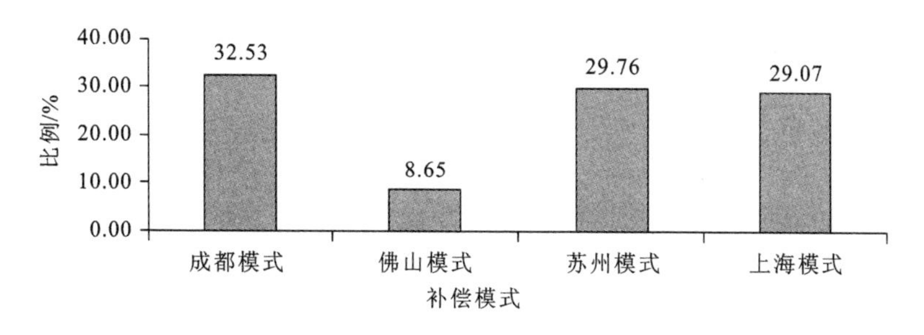

图7.3　受访农户农田生态补偿模式偏好

2. 受访农户对农田生态补偿模式偏好的相关变量定义

在农户被调查的一系列基本社会经济特征和对当前武汉市的农田非市场价值认知态

度中，农户被询问了性别、年龄、受教育程度等基本信息，另外有关农业收入和承包地面积的信息也被列入可能会对其选择产生影响的因素中，只有对城市模式偏好有显著影响的被列在表 7.4 中，具体见表 7.4 所示。

表 7.4　受访农户农田生态补偿模式偏好相关社会经济及认知变量定义

变量名称	变量定义	编码	均值
年龄	受访者年龄	岁	54.644 6
务农时间	受访者务农时间	月	5.909 5
兼业	受访者是否兼业	是=1,否=0	0.459 6
收入	受访者年总收入	元	13 737.15
现金流	年均现金流量	元	3 308.244
存款	家庭是否有存款	是=1,否=0	0.145 9
纯收入	家庭年纯收入	元	35 215.16
承包面积	家庭承包度面积	亩	8.291 7
农业收入	家庭年农业收入	元	6 798.946 0

表 7.4 显示受访农户的平均年龄为 55 岁，务农时间为 6 个月，接近半数的受访农户在从事兼业活动。受访农户的年均收入为 13 737 元，家庭年均纯收入水平为 35 215 元、年均现金流量为 3 308 元，户均承包地面积为 8 亩，家庭农业收入为 6 798 元，有借贷行为的农户比例为 14.59%。

3. 受访农户对农田生态补偿模式偏好的影响因素分析

STATA 12 中的 mlogit 命令仍被用于对各种影响农户农田生态补偿城市模式选择的因素进行分析，选择苏州模型的农户作为对照组，分析其选择成都模式、佛山模式和上海模式相对于选择苏州模式的人群的概率，最后得到如表 7.5 所示的回归结果。最大似然值为−239.687 7，Pseudo 拟合优度为 0.102 3，P 值为 0.001 3，说明该模型是可信的，可以用来对农户选择农田生态补偿的方式进行科学解释。

表 7.5　农户农田生态补偿模式偏好的影响因素

补偿模式	系数	发生比	标准差	*Z* 值	显著性
成都模式					
年龄	0.033 9	1.034 5	0.016 9	2.010 0	0.045 0
务农年限	−0.072 9	0.929 7	0.043 0	−1.700 0	0.090 0
是否兼业	0.800 8	2.227 4	0.431 9	1.850 0	0.064 0
收入水平	0.000 0	1.000 0	0.000 0	0.040 0	0.970 0

注：苏州模式为对照组

续表

补偿模式	系数	发生比	标准差	Z值	显著性
现金流量	0.000 0	1.000 0	0.000 1	−0.180 0	0.854 0
是否借贷	−1.035 6	0.355 0	0.548 8	−1.890 0	0.059 0
净收入水平	0.000 0	1.000 0	0.000 0	2.430 0	0.015 0
务农面积	−0.058 5	0.943 2	0.038 3	−1.530 0	0.127 0
农业收入	0.000 1	1.000 1	0.000 0	2.560 0	0.010 0
常数项	−2.339 0	0.096 4	1.165 2	−2.010 0	0.045 0
佛山模式					
年龄	0.006 5	1.006 5	0.025 6	0.250 0	0.801 0
务农年限	0.056 8	1.058 4	0.057 4	0.990 0	0.322 0
是否兼业	−0.165 8	0.847 2	0.664 9	−0.250 0	0.803 0
收入水平	0.000 0	1.000 0	0.000 0	0.920 0	0.358 0
现金流量	0.000 2	1.000 2	0.000 1	1.990 0	0.047 0
是否借贷	−2.443 4	0.086 9	1.341 3	−1.820 0	0.069 0
净收入水平	0.000 0	1.000 0	0.000 0	−0.560 0	0.578 0
务农面积	0.131 7	1.140 8	0.051 2	2.570 0	0.010 0
农业收入	−0.000 1	0.999 9	0.000 1	−1.230 0	0.217 0
常数项	−3.504 3	0.030 1	1.679 3	−2.090 0	0.037 0
上海模式					
年龄	0.013 5	1.013 6	0.016 3	0.830 0	0.407 0
务农年限	0.030 4	1.030 8	0.037 0	0.820 0	0.412 0
是否兼业	−0.145 9	0.864 3	0.421 6	−0.350 0	0.729 0
收入水平	0.000 04	1.000 04	0.000 0	2.240 0	0.025 0
现金流量	0.000 0	1.000 0	0.000 1	0.600 0	0.547 0
是否借贷	−0.839 4	0.432 0	0.493 9	−1.700 0	0.089 0
净收入水平	0.000 0	1.000 0	0.000 0	−1.230 0	0.217 0
务农面积	0.011 7	1.011 8	0.035 2	0.330 0	0.739 0
农业收入	0.000 0	1.000 0	0.000 0	1.440 0	0.149 0
常数项	−1.499 9	0.223 2	1.097 5	−1.370 0	0.172 0

注：苏州模式为对照组

根据表7.5模型结果：相对于那些认为苏州模式最有效的农户特征而言(以下的比较都是以选择苏州模式为对照组)，年纪越大、从事兼业活动越多、农业收入水平越高的受访农户越倾向于选择成都模式；家庭现金流量大、承包地面积多的农户愿意选择佛山模式；而务农时间较长、有借贷行为的农户倾向于选择苏州模式；收入水平高的受访农户更愿意选择上海模式。具体如下。

（1）相比于参照组，农户选择成都模式，主要受农户年龄、务农时间、是否兼业、是否借贷、家庭净收入水平和家庭农业收入水平的显著性影响，其系数分别为 0.033 9、－0.072 9、0.800 8、－1.035 6、0.000 0 和 0.000 1。具体来说农户的年龄每增加 1 岁，选择成都模式的概率比选择苏州模式的可能性就会相应的增加 3.45％；农户的务农时间每增加一个月，选择成都模式的概率比选择苏州模式的可能性就会相应的减少 7.03％；从事兼业活动的农户比不从事兼业活动的农户，选择成都模式的概率比选择苏州模式的可能性就会相应的增加 1.22 倍。有借贷行为的农户比无借贷行为的农户，选择成都模式的概率比选择苏州模式的可能性就会相应的减少 64.50％。

（2）相比于参照组，农户选择佛山模式，主要受家庭现金流量、是否借贷和家庭承包地面积三个因素的显著性影响，系数分别为 0.000 2、－2.443 4 和 0.131 7。表明农户家庭现金流量每增加 1 元，其选择佛山模式比选择苏州模式的可能性就增加 0.02％；有借贷行为的农户相比于无借贷行为的农户，选择佛山模式比选择苏州模式的可能性就降低 91.31％；农户家庭承包地面积每增加 1 亩，其选择佛山模式比选择苏州模式的可能性就降低 14.08％。

（3）相比于参照组，农户选择上海模式受到的影响因素主要是受访者个人年收入水平，虽然影响程度有限，系数只有 0.000 04，即受访农户年收入每增加 1 万元，选择上海模式的概率较选择苏州模式的概率增加 40％，但是这种影响在 5％的水平上显著。

7.3 基于市民和农户视角的武汉市农田生态补偿方式选择及影响因素分析

7.3.1 基于市民视角的农田生态补偿方式选择及影响因素分析

1. 受访市民对农田生态补偿方式选择的结果分析

作为纳税人，市民是农田生态补偿资金来源的一个主要群体。了解其对当前农田生态补偿方式的偏好有助于农田生态补偿基金会在以后的资金来源筹备时，遭受更小的社会阻力、更容易筹备到更多的资金。调查数据的统计结果显示，71.18％的受访市民偏好现金补偿，偏好实物补偿的受访市民比例为 9.38％，10.76％的受访市民偏好技术补偿。受访者对各种农田生态补偿方式的选择比例如图 7.4 所示。

2. 受访市民选择农田生态补偿方式的相关变量定义

在研究中，市民的认知态度和基本社会经济信息也被同时获取，调查中每一个受访市

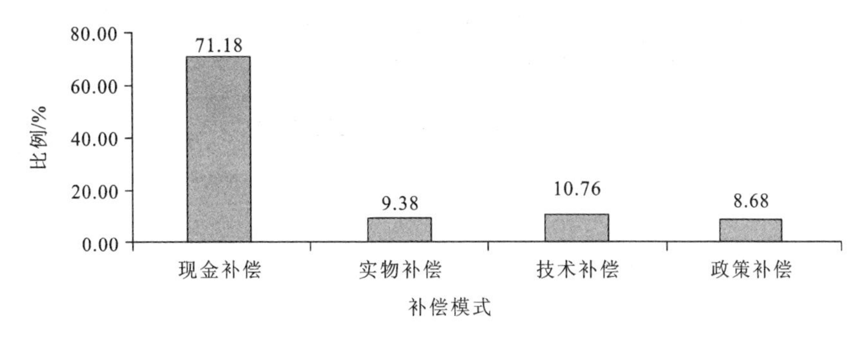

图 7.4　受访市民农田生态补偿方式选择

民都被问到："在您的生活中，农田生态系统所提供的农田面积、农田肥力、河流水质、空气质量、生物多样性、娱乐休憩价值 6 个方面功能的重要程度怎样?"；"您认为近年来，武汉市农田生态系统在以下方面是否呈现出下降的趋势?"。答案都以五分类李克特量表形式设置。受访市民的性别、年龄、是否户主、家庭人口结构和收入信息也被列入可能会对其选择产生影响的因素中。具体如表 7.2 和 7.6 所示。

表 7.6　受访市民农田生态补偿方式选择的相关社会经济及认知变量定义

变量名称	变量定义	编码	均值
河流水质 * 重要性	河流水质的重要性	5 分类里克特量表	4.170 7
农田肥力 * 下降程度	农田肥力的下降程度	5 分类里克特量表	3.704 2
空气质量 * 下降程度	空气质量的下降程度	5 分类里克特量表	4.130 3
家庭收入	受访者的月收入水平	1,000 元	0.923 8
是否户主	受访者是否为户主	男=1,女=0	0.371 3
年龄	受访者的年龄	年	32.670 3

注：* 表示属性变量与受访者相关的社会经济及认知变量的交互项

根据表 7.6 的结果可知，受访市民认为河流水质很重要，在五分类里克特量表中得分超过了 4 分，市民认为空气质量下降程度也超过了 4 分，接下来农田肥力下降程度的得分则为 3.704 2。表 7.6 还显示，37.13 %的受访者为家庭户主，受访市民的平均年龄为 33 岁，家庭年平均收入为 9 238 元。

3. 受访市民选择农田生态补偿方式的影响因素分析

利用 STATA 12 中的 mlogit 命令对各种影响受访市民农田生态补偿方式选择的因素进行分析，其中将选择现金补偿方式的市民作为对照组，分析市民选择实物补偿、技术补偿和政策补偿相对于选择现金补偿方式的人群的概率，最后得到如表 7.7 所示的回归结果。最大似然值为－218.120 5，Pseudo 拟合优度为 0.113 9，P 值为 0.000 0，说明该模型是可信的，可以用来对市民选择农田生态补偿的方式进行科学解释。

表 7.7　市民农田生态补偿方式偏好影响因素

补偿方式	系数	发生比	标准差	Z 值	显著性
实物补偿					
河流水质＊重要性	－0.410 1	0.663 6	0.236 7	－1.73	0.083
农田肥力＊下降程度	1.099 2	3.001 7	0.312 5	3.52	0.000
空气质量＊下降程度	－0.737 1	0.478 5	0.227 1	－3.25	0.001
家庭收入	0.000 1	1.000 1	0.000 0	3.05	0.002
是否户主	1.255 6	3.509 9	0.622 6	2.02	0.044
年龄	0.043 0	1.043 9	0.017 6	2.44	0.015
常数项	－5.810 7	0.003 0	1.746 1	－3.33	0.001
技术补偿					
河流水质＊重要性	－0.338 1	0.713 1	0.205 5	－1.65	0.100
农田肥力＊下降程度	0.351 3	1.421 0	0.242 6	1.45	0.148
空气质量＊下降程度	－0.137 1	0.871 9	0.207 3	－0.66	0.508
家庭收入	0.000 0	1.000 0	0.000 0	0.84	0.399
是否户主	0.982 8	2.671 8	0.541 4	1.82	0.069
年龄	0.056 9	1.058 5	0.014 9	3.81	0.000
常数项	－4.995 8	0.006 8	1.588 0	－3.15	0.002
政策补偿					
河流水质＊重要性	0.324 4	1.383 3	0.282 7	1.15	0.251
农田肥力＊下降程度	－0.130 2	0.877 9	0.266 5	－0.49	0.625
空气质量＊下降程度	－0.015 2	0.984 9	0.237 2	－0.06	0.949
家庭收入	－0.000 1	0.999 9	0.000 1	－1.91	0.056
是否户主	0.472 0	1.603 1	0.655 2	0.72	0.471
年龄	－0.004 7	0.995 4	0.023 3	－0.20	0.842
常数项	－2.797 5	0.061 0	2.109 1	－1.33	0.185

注：1. 现金补偿为对照组；2. ＊表示该属性变量与受访者相关的社会经济及认知变量的交互项

模型结果表明：相对于那些认为现金补偿最有效的市民特征而言（以下的比较都是以选择现金补偿方式为对照组），从年龄上看，年长者更趋向于选择现金补偿方式，而年轻市民更倾向于选择实物补偿和技术补偿；是户主的受访市民也更倾向于选择实物补偿和技术补偿;认为河流水质在自身生活中非常重要、空气质量下降程度严重的受访市民更愿意选择现金补偿的方式,以期可以通过资金的正确运用,减缓水质和空气质量的下降速度;从受访市民对农田肥力的下降程度的态度统计结果来看,对此持肯定态度的受访市民多选了实物补偿和技术补偿方式;从收入水平上来看,自身收入水平较高的受访市民大部分选择了实物补偿方式。具体分析如下:

(1) 相比于参照组,市民选择实物补偿的农田生态补偿方式,主要受市民对河流水质重要程度、农田肥力下降程度、空气质量下降程度、收入水平、是否户主和年龄因素的显著性影响,系数分别为−0.410 1、1.099 2、−0.737 1、0.000 1、1.255 6 和 0.043 0。具体来说受访市民对河流水质重要程度、空气质量下降程度的评分每增加 1 分,其选择实物补偿方式比选择现金补偿方式的可能性分别降低 34%和 52%;而受访市民对农田肥力评分每增加 1 分、非户主变为户主,其选择实物补偿方式比选择现金补偿方式的可能性则分别增加 2 倍和 2.5 倍;家庭月收入每增加 1000 元、年龄每增加 1 岁,其选择实物补偿方式比选择现金补偿方式的可能性则分别增加 0.01%和 4.39%。

(2) 相比于参照组,市民选择技术补偿的农田生态补偿方式,主要受市民对河流水质重要程度、是否户主和年龄因素的显著性影响,系数分别为−0.338 1、0.982 8 和 0.056 9。具体表明受访市民对河流水质重要程度的评分每增加 1 分,其选择技术补偿比选择现金补偿方式的可能性降低 29%,而从非户主变为户主、年龄每增加 1 岁,其选择技术补偿比选择现金补偿方式的可能性则分别增加 1.67 倍和 58%。

(3) 相比于参照组,市民选择政策补偿的农田生态补偿方式,主要受市民收入水平影响,虽然系数只有−0.000 1,但却是显著性的。具体表明受访市民的家庭月收入水平每增加 1 000 元,其选择技术补偿比选择现金补偿方式的可能性就降低 1%。

7.3.2　基于农户视角的农田生态补偿方式选择及影响因素分析

1. 受访农户对农田生态补偿方式选择的结果分析

农户作为农田生态补偿的最终受益者,其对农田生态补偿方式的偏好直接关乎整个农田生态补偿工作的效率和实践效果。了解其对当前农田生态补偿方式的偏好有助于农田生态补偿政策落到实处,农户真正受益从而使得农田得到切实保护。调查数据的统计结果显示:现金补偿方式仍最受欢迎,81.66%的受访农户选择现金补偿,实物补偿方式则反之,只有 1.73%的受访农户选择实物补偿,技术补偿方式和政策补偿方式的选择比例分别为 5.88%和 10.73%。武汉市受访农户对各种农田生态补偿方式的选择比例具体如图 7.5 所示。

2. 受访农户农田生态补偿方式选择的相关变量定义

在农户农田生态补偿方式选择的研究中,农户的认知态度和基本社会经济信息也被

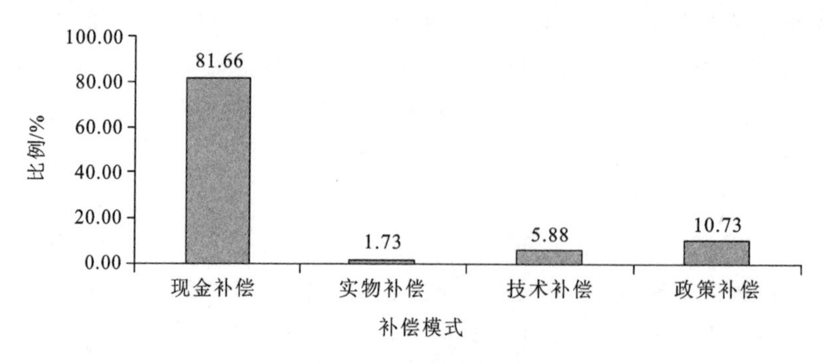

图 7.5 受访农户农田生态补偿方式选择

同时获取，调查中每一个受访农户都被问到："在您的生活中，农田生态系统所提供的农田面积、农田肥力、河流水质、空气质量、生物多样性、娱乐休憩价值 6 个方面功能的重要程度分别为多少?"；"您认为近些年来，武汉市农田生态系统在这 6 个方面的功能是否呈现出下降的趋势?"。问题答案都以五分类李克特量表的形式设置。受访者的性别、年龄、文化程度、是否兼业、务农时间、农业收入和总收入等信息也被列入可能会对其选择产生影响的因素中。不过只有结果显著的变量才被列出，具体如表 7.8 所示。

表 7.8 受访农户农田生态补偿方式选择的相关社会经济及认知变量定义

变量名称	变量定义	编码	均值
文化程度	受访农户受教育年数	年数	6.222 9
村民	是否仍为本村村民	是=1，否=0	0.926 8
务农时间	一年当中的务农时间	月数	5.909 5
兼业	是否兼业	是=1，否=0	0.459 6
收入	年收入水平	元	17 373.15
农业收入	年农业收入水平	元	6 798.15

根据表 7.8 的结果可知，受访农户的平均受教育程度为小学，多数受访农户为该村村民，农户平均每年的务农时间约为半年，有 45.96%的受访农户存在兼业行为，家庭年平均农业收入为 6 798 元，家庭总收入为 17 373 元。

3. 受访农户对农田生态补偿方式选择的影响因素分析

利用 STATA 12 中的 mlogit 命令对各种影响农户选择农田生态补偿方式的因素进行分析，将选择现金补偿方式的农户作为对照组，分析农户选择实物补偿、技术补偿和政策补偿相对于选择现金补偿方式的人群的概率，最后得到如表 7.9 所示的回归结果。最大似然值为 −142.445 5，Pseudo 拟合优度为 0.152 6，P 值为 0.000 0，说明该模型是可信的，可以用来对农户选择农田生态补偿的方式进行科学解释。

表 7.9　农田生态补偿方式影响因素

补偿方式	系数	发生比	标准差	Z 值	P 值
实物补偿					
文化程度	−0.385 5	0.680 1	0.177 3	−2.170 0	0.030 0
村民	11.046 2	62 704.594 4	549.827 0	0.020 0	0.984 0
务农时间	−0.046 3	0.954 7	0.109 2	−0.420 0	0.672 0
兼业	1.369 9	3.935 0	1.075 8	1.270 0	0.203 0
收入	0.000 0	1.000 0	0.000 1	−0.610 0	0.540 0
农业收入	0.000 0	1.000 0	0.000 1	0.840 0	0.398 0
常数项	−13.608 7	0.000 0	549.827 6	−0.020 0	0.980 0
技术补偿					
文化程度	−0.025 2	0.975 2	0.074 5	−0.340 0	0.736 0
村民	−0.627 4	0.534 0	1.164 1	−0.540 0	0.590 0
务农时间	−0.057 8	0.943 9	0.064 5	−0.900 0	0.370 0
兼业	1.145 6	3.144 2	0.607 6	1.890 0	0.059 0
收入	0.000 0	1.000 0	0.000 0	0.270 0	0.784 0
农业收入	0.000 1	1.000 1	0.000 0	2.420 0	0.015 0
常数项	−2.476 0	0.084 1	1.268 0	−1.950 0	0.051 0
政策补偿					
文化程度	0.041 8	1.042 6	0.069 2	0.600 0	0.546 0
村民	−1.747 6	0.174 2	0.846 6	−2.060 0	0.039 0
务农时间	−0.163 4	0.849 2	0.062 0	−2.640 0	0.008 0
兼业	0.784 7	2.191 7	0.499 0	1.570 0	0.116 0
收入	0.000 03	1.000 03	0.000 0	2.910 0	0.004 0
农业收入	0.000 0	1.000 0	0.000 0	1.240 0	0.216 0
常数项	−1.183 7	0.306 1	0.947 4	−1.250 0	0.212 0

注：现金方式为对照组

模型结果表明：相对于那些认为现金补偿最有效的农户特征而言（以下的比较都是以选择现金补偿方式为对照组），从年龄上看，受教育程度高比受教育程度低的受访农户更趋向于选择现金补偿方式，而从事兼业活动的受访农户比不从事兼业活动的农户更倾向于选择技术补偿；农业收入比例高的受访农户也更倾向于技术补偿；为该村村民的受访农户更愿意选择现金补偿的方式；务农时间越长的农户越倾向于选择现金补偿方式；家庭收入越高的受访农户越愿意选择政策补偿方式。具体分析如下。

(1) 相比于参照组,农户选择实物补偿的农田生态补偿方式,主要受农户受教育水平的显著性影响,系数为－0.385 5。具体来说受访农户受教育程度每增加1年,选择实物补偿方式比选择现金补偿方式的可能性降低了32%和52%。

(2) 相比于参照组,农户选择技术补偿的农田生态补偿方式,主要受农户是否兼业和家庭年均农业收入水平的显著性影响,系数分别为1.145 6、0.000 1。具体表明从事兼业活动的受访农户比不从事兼业活动的农户,选择技术补偿比选择现金补偿方式增加2.14倍,而农业收入水平每增加1万元,其选择技术补偿比选择现金补偿方式的可能性就增加100%。

(3) 相比于参照组,农户选择政策补偿的农田生态补偿方式,主要受以下因素影响:是否为本村村民、务农时间和农户收入水平,系数分别为－1.747 6、－0.163 4和0.000 03。具体表明受访者为本村村民的农户比不是本村村民的农户选择政策补偿比选择现金补偿方式的可能性降低83%、务农时间每增加一个月,选择政策补偿比选择现金补偿方式的可能性降低15%。收入对农户选择现金补偿方式还是政策补偿方式影响的绝对值很低,仅为0.003%,但这种影响通过了5%的显著性水平检验。

7.4　农田生态补偿模式和方式的丰富化

国家在制定农田生态补偿时应充分考虑纳税人的意见,以求得农田生态补偿资金来源的连续性、提高补偿项目效率和评价。同时也要坚持效率优先兼顾公平的原则,针对不同类型的需求者,提供其最愿意接受的补偿方式,实现重点、有序、公平、合理的目标。

结合武汉市市民和农户的实际调研结果,总体上来说,①市民对于能够完全由农户自主决定的苏州模式偏好最高,但是其与其他三个城市模式之间并没有显著差异;农户角度的研究结果则显示,农户对于能够帮助其解决养老保险和农业保险问题的成都模式偏好最高,但是其对苏州模式和上海模式的选择率并没有明显的差别。因此,苏州模式不仅是最受市民欢迎的补偿模式,也在受访农户的选择中位于第二位,且与第一位的成都模式之间并没有明显差别。所以,未来武汉市设计农田生态补偿模式时,完全由农户自主决定的苏州模式可以提供最有效的借鉴经验。②选择交易成本低、操作性强的农田生态补偿方式是农田生态补偿制度实施的关键。在农田生态补偿方式方面现金补偿方式因其用途的多样性、能有效避免寻租和腐败滋生的优点,受到了武汉市受访市民和农户的绝对性欢迎。因此,国家在制定农田生态补偿方式时应充分考虑纳税人的意见,选择现金补偿方式以求得农田生态补偿资金来源的连续性、提高补偿项目效率。

7.5 本章小结

本章以行为经济学理论为基础，首先从农田生态补偿城市模式（成都模式、苏州模式、佛山模式和上海模式）偏好和方式（现金补偿、实物补偿、技术补偿和政策补偿）选择两个方面归纳梳理了国内外农田生态补偿的相关研究进展及国内已付诸实施的主要城市的实践操作情况。其次利用问卷调研数据，以288位受访市民和291位受访农户为研究对象，分别分析了其对成都模式、佛山模式、苏州模式和上海模式四种农田生态补偿城市模式的选择以及影响其选择的社会经济因素。在此基础上进一步分析了其对现金补偿、实物补偿、技术补偿和政策补偿四种农田生态补偿方式的偏好及其影响因素，得出的研究结论具体如下：

1. 受访者（市民和农户）农田生态补偿模式选择偏好以及影响因素分析

研究结果显示市民对于能够完全由农户自主决定的苏州模式偏好最高（26.22%），但是其与成都模式（25.87%）、佛山模式（23.78%）和上海模式（24.13%）的选择率并没有明显的差别。市民对于农田肥力、河流水质重要性的认知程度、农田面积、农田肥力下降的认知程度、认为农田非市场价值是否需要提升、是否赞成对这些非市场价值进行补偿主要受到受访市民是否为户主、年龄和性别的显著性影响。

农户的研究结果显示其对于能够能帮助解决其养老保险和农业保险问题的成都模式（32.53%）偏好最高，对佛山模式（8.65%）的偏好程度最低，但是对苏州模式（29.67%）和上海模式（29.07%）的选择率并没有明显的差别。农户对于四个城市农田生态补偿模式的选择主要受到年龄、务农时间、是否兼业、受访者个人收入水平、家庭年均纯收入水平、年均现金流量、是否借贷、承包地面积和家庭农业收入水平的显著性影响。

2. 受访者（市民和农户）农田生态补偿方式选择偏好及其影响因素分析

市民对四种农田生态补偿方式的选择比例分别为现金补偿（71.18%）、实物补偿（9.38%）、技术补偿（10.76%）和政策补偿（8.68%），其选择受到其对河流水质重要性的认知程度、农田肥力下降的认知程度、空气质量下降的认知程度、受访市民收入、是否户主和年龄的显著性影响。而农户对四种农田生态补偿方式的选择比例分别为现金补偿方式（81.66%）、实物补偿（1.73%）、技术补偿（5.88%）和政策补偿（10.73%）。农户对四种农田生态补偿方式的选择受到农户受教育水平、是否为本村村民、务农时间、是否兼业、个人收入水平和家庭农业收入水平的显著性影响。

3. 农田生态补偿模式及方式的确立

总体上来说，研究结果显示市民对于能够完全由农户自主决定的苏州模式偏好最高，但是其与其他三个城市模式之间并没有显著差异；从农户角度的研究结果则显示其对于能够能帮助解决其养老保险和农业保险问题的成都模式偏好最高，但是其对苏州模式和上海模式的选择率并没有明显的差别。在农田生态补偿方式方面现金补偿方式因其用途的多样性、能有效避免寻租和腐败滋生的优点，受到了武汉市受访市民和农户的绝对性欢迎。因此，国家在制定农田生态补偿时应充分考虑纳税人的意见，以求得农田生态补偿资金来源的连续性、提高补偿项目效率和评价。同时也要坚持效率优先兼顾公平的原则，针对不同类型的需求者，提供其最愿意接受的补偿方式，实现重点、有序、公平、合理的目标。

第8章 农田生态补偿资金转移支付体系构建

农田生态系统提供气体调节、水源涵养、土壤保护、授粉、害虫的调节、遗传资源和景观娱乐及文化教育等经济主体之外的非市场商品和服务。受益者可以在不付出任何成本的条件下享受由农田生态系统所产生的非市场商品和服务,从中获取满足自身经济和精神需要的效用。再者,农田生态系统所提供的商品和服务具有的经济价值较小,而未能进入市场交易的外部效益较大。这两者也是造成农户等相关主体缺乏农田生态保护积极性的根本原因,综合作用之下,最终导致全体社会成员所能享受的农田生态服务水平降低。另外,工业用地和居住用地的经济效益较高。比较利益的巨大差异促使大量的优质基本农田转化为非农建设用地,而农田准公共产品的性质决定了其最优的私人决策与社会决策的不一致性,难以使农田资源的配置达到在全社会资源配置中的最优水平(马爱慧 等,2010)。农田资源的数量不断减少,质量不断降低,造成了巨大的社会和经济效益的损失,因此对农田保有个人和集体进行经济补偿势在必行。

生态补偿资金转移支付是调整生态环境保护和建设相关各方之间利益关系的重要环境经济政策,它对担负了多于其自身社会经济发展需要的农田保护任务的地方政府进行经济补偿,在不同类型的区域之间进行农田保护和经济发展的协调,最终达到既能满足社会经济发展对建设占用农田的合理需求,又能最大限度地达成我国粮食安全的目标,彻底改变当前我国农田保护主体经济效益低下而需求主体经济获得较大发展的不平等现状。但在政策制度建立之前,补偿主体的清楚界定是农田生态补偿财政转移支付的前提。

农田保护中的保护者和受益者作为理性的"经济人",其目标都是取得最优的自身效用。因此,农田保护政策只有同时满足双方利益时,才能得以贯彻实施和彻底落实。具体来说,中央政府作为全社会农田保护目标的制定者,希望保有一定数量的农田,使得全社会成员可以享受到一定水平的、持续性的农田生态服务。地方政府一方面需要贯彻实施中央政府所下达的农田保护目标,另一方面又需要保持自身一定的社会经济发展。因此,那些区域内农田资源禀赋丰沛的地方政府为了达成全社会农田保护的任务和需求,在一定程度上需要牺牲当地的社会经济发展,成为农田生态保护的受损主体,理应得到经济补偿;与此同时,一些区域内农田分布较少的地方政府因为在一定程度上逃避了农田保护的责任,搭了其他受损区域农田保护的"顺风车"而成为补偿支付的主体。因此,对于区域间的跨区域农田生态补偿,当地区A的农田生态价值需求量高于其自身所能供给的生态价值量时,地区A归为农田生态赤字区,应该向周围地区支付农田生态补偿资金;处于相反情况的地区B可以称作农田生态盈余区,需要从周围地区获取农田生态补偿资金。在区域内部,具体执行农田保护的是农户和村集体,其在执行地方政府的农田保护政策中因农田发展受限而遭受了经济损失,需要政府对其进行补偿。

根据上述分析,在农田生态补偿资金转移支付体系设计中,区域类型的划分是基础,资金量的核算是关键。本章研究遵循的思路为:武汉城市圈农田保护形势和流失状况分析→武汉城市圈农田生态补偿区域类型划分→武汉城市圈县域内农田生态补偿资金量核算→武汉城市圈县域间农田生态补偿资金量核算→小结和讨论,具体的流程图可如图8.1所示。

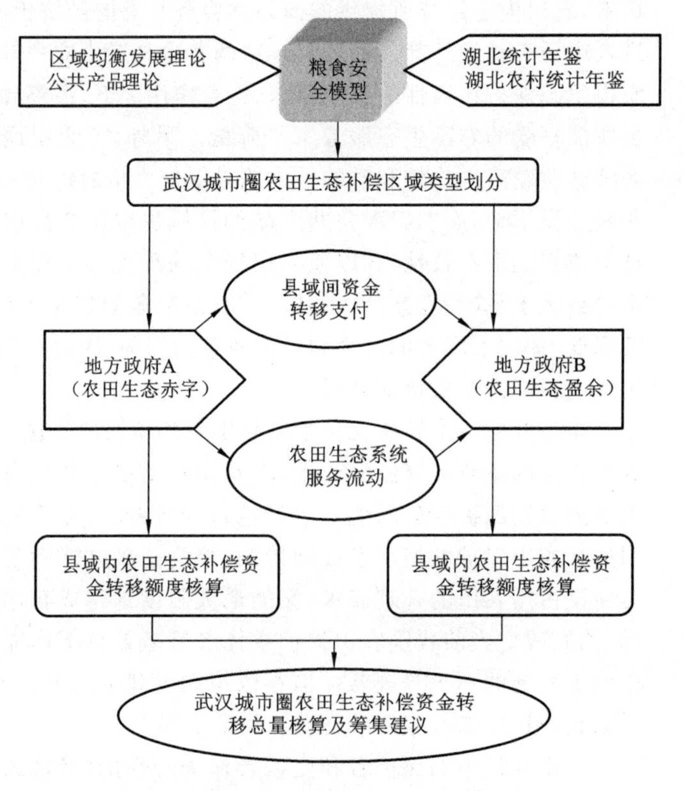

图8.1　农田生态补偿资金转移支付路线图

8.1　武汉城市圈农田保护形势和流失状况分析

8.1.1　武汉城市圈农田保护形势

武汉城市圈是武汉及其周边半径 100 km 内的黄石、鄂州、黄冈、孝感、咸宁、仙桃、天门和潜江 8 个城市构成的“8＋1”城市群。横跨东经 112°30′～116°10′，纵跃北纬 29°05′～31°50′。区域土地面积为 580.5×10^4 hm^2，平原、丘陵、山地比例分别为 50%、30%和 20%。自然条件优越，属于亚热带季风气候，气候湿润，四季分明，光照充足，降水丰沛，是我国重要的粮食生产基地和优质农副产品生产基地。作为长江中游最大的城市群，武汉城市圈区域地理和交通优势明显、科教资源丰富，具有承接东部发展模式的区位和软实力，是国家“中部崛起”战略的重要支撑点。城市圈内部各城市之间互补性的良性关系逐渐显现，空间和地缘经济联系不断增强。是湖北省人口、产业和经济实力的核心区，也是国家批复的首个跨区域城市群规划，定位为中国经济发展新增长极、中西部新型城镇化先行区、内陆开放合作示范区和“两型”社会建设引领区。根据《湖北省土地利用变更调查报告》和《湖北统计年鉴 2014》，2013 年武汉城市圈土地面积为 580.5×10^4 hm^2，其中农田面积为 223.99×10^4 hm^2，GDP 达到 156 30×10^4 万元，农林牧副渔总产值为 1 491.41×10^4 万元，财政收入为 1 379.07×10^4 万元，居民人居可支配收入 26 958 元，农村居民人均纯收入为9 007 元。

根据《2014 年湖北土地利用变更调查数据》，2013 年武汉城市圈农田面积为 223.99×10^4 hm^2，武汉城市圈土地资源总量较多，但是农业用地比重大，为 69.18%，人均农田面积少，即为湖北省和全国平均水平的 83.05%和 70.00%，农田相对不足的矛盾十分突出。武汉城市圈 2013 年农田的分布状况如图 8.2 示。

随着社会经济的快速发展和跨区域农田生态补偿措施的滞后甚至缺失，建设占用农用地扩张迅速，近年来农田面积逐年减少已经是不争的事实，农田资源稀缺引发的各种生态环境问题不断显现。同时武汉城市圈 9 座城市共享长江、汉水的地域特点使各区域在农田生态环境问题上息息相关，各县(市、区)之间的地缘和血缘关系密不可分的特点使得武汉城市圈已逐渐成为相关学者进行区域生态、环境保护一体化研究的基本单元(杨欣 等，2013a)。因此，准确界定农田生态补偿各环节相关利益群体、研究区域内部和区域间的农田生态补偿资金的核算和平衡，是建立全方位的农田生态补偿体系的主要组成部分，也是经济新常态下武汉城市圈统筹区域经济发展和建设社会主义生态文明的必经之路。

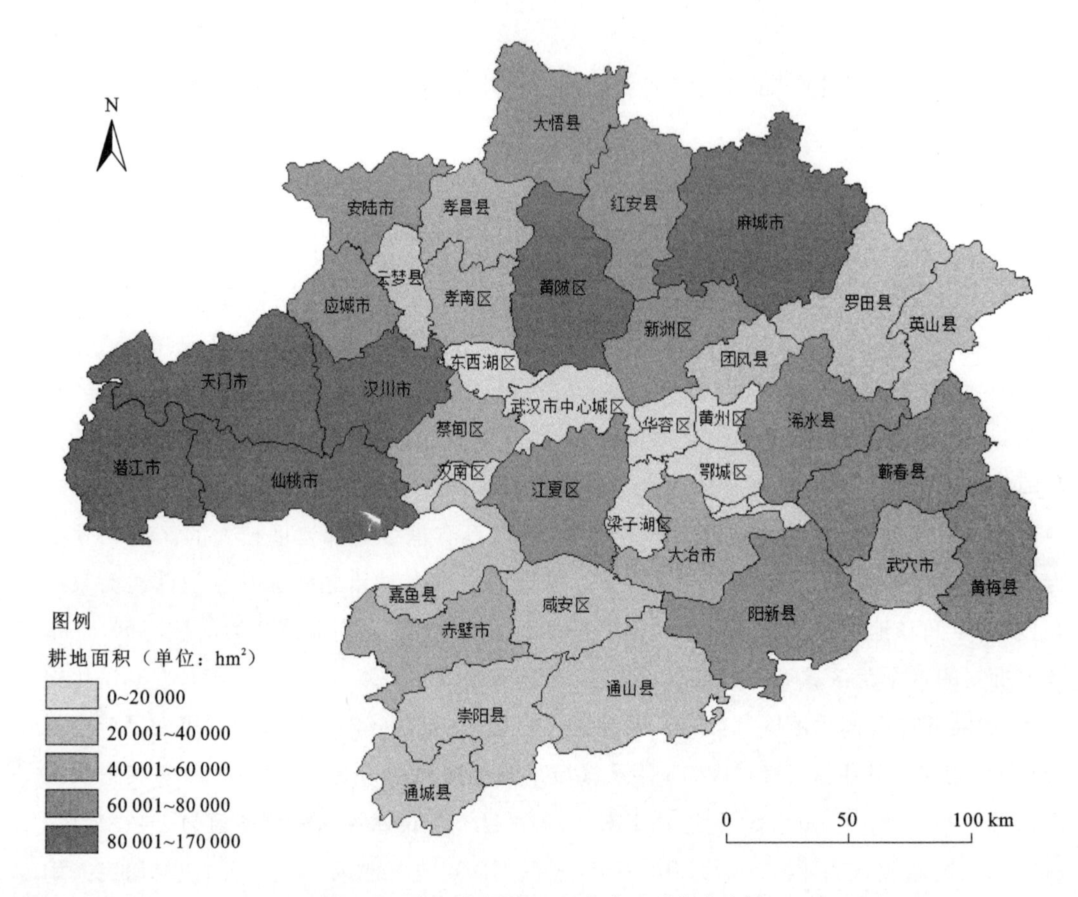

图 8.2 武汉城市圈 2013 年农田面积分布图

8.1.2 武汉城市圈农田流失状况

近年来，武汉城市圈农田总量呈现分阶段的下降态势。根据湖北省土地利用变更数据，武汉城市圈农田面积呈现出分阶段下降的趋势，其中武汉城市圈农田面积在 1996～2008 年 12 年间共减少 18.40×10^4 hm^2，2009～2013 年期间净减少面积为 1.51×10^4 hm^2，农田生态服务功能下降的形势比较严峻，农田保护压力较大。具体来说，武汉城市圈农田占农用地面积的比例从 2009 年的 36.25％减少到 2013 年的 35.87％，年均净减少面积为 7.23×10^4 hm^2，对其进行分解得到武汉城市圈 9 个城市 2009～2013 年农田面积减少的分布情况如图 8.3 所示。

分析武汉城市圈各城市农田面积的变化发现，除了咸宁市的农田面积呈现出递增的趋势外，其余 8 个城市均表现出递减的趋势。从图 8.3 可以看出，各城市农田面积下降的比率依次为武汉市 3.23％、黄石市 0.84％、仙桃市 0.70％、孝感市 0.67％、天门市

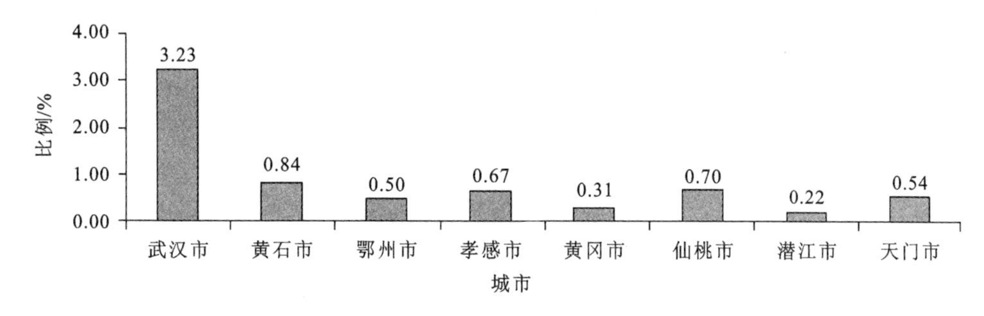

图 8.3　武汉城市圈各城市农田面积减少速率图

0.54%、鄂州市 0.50%、黄冈市 0.31%和潜江市 0.22%。武汉市、黄石市和仙桃市因经济发展大量占用农田，致使其农田流失速度较快，如何做好农田保护与经济发展之间的平衡是其面临的重要议题，而农田资源稀缺将是武汉城市圈今后乃至长期经济和社会发展的重要瓶颈。

8.2　武汉城市圈农田生态补偿区域类型划分

8.2.1　研究基础

我国一直以来实行非均衡的土地政策诸如土地利用总体规划、主体功能区划等对农地利用进行管制(蔡银莺 等，2010a；2010b)，基于农、工业产品巨大的价格剪刀差，农地、非农用地经济产出的显著差异以及农田生态系统巨大的社会和生态价值“外溢”(张安录，1999)，农田准公共物品的属性使得地方政府出于自身利益最大化的角度，不会主动承担农田保护责任。而中央政府出于国家粮食安全和社会利益最大化的角度，制定了一系列诸如基本农田保护区规划、土地用途管制和主体功能区规划等世界上最严厉的农田保护制度(马爱慧 等，2010)，使得区域内耕地分布较多的地方政府被迫无偿承担了多于其自身发展需要的耕地保护的大部分成本，被称为农田盈余区；而区域内农田分布较少的地方政府则在一定程度上逃避了农田保护的责任，却同等分享了农田保护的利益，称农田亏损区。农田利用的私人最优决策与社会最优决策存在不一致，导致各区域特别是经济发达区域在农田保护问题上的“搭便车”行为，造成农田数量不断减少，质量不断降低，区域可持续发展面临严峻挑战(杨小燕 等，2013)。这会使农地相关利益群体的福利产生“暴利”和“暴损”现象(Scott et al.，2007)，造成了农田保护相关利益群体之间利益的非均衡，违反了社会公平与公正的基本理念。

宏观视角农田生态补偿财政转移支付作为协调生态环境保护和经济发展之间矛盾的

有效手段，在农田盈余区和亏损区之间搭建跨区域生态补偿的桥梁，通过在不同类型区域的地方政府之间进行经济转移支付等方式对承担了多于其自身社会发展需要的、农田保护任务的地方政府进行补贴（刘春腊 等，2014）。区域之间生态补偿的核算，必须确定主体的生态消耗与盈余状态，以此为基础进一步明确该地区是应该获取或者支付农田生态补偿，在确定不同地区支付或获得生态补偿量时，就要从本地区生态价值的供应量和消耗量出发。如果某一地区所保有的农田生态价值量高于其自身经济发展所需要的生态价值量，那么其在自身发展过程中就在一定程度上占有了周围其他区域所无偿供给的农田生态价值。因此，应该从自身的社会经济发展成果中取出一定比例对其他地区予以补偿；反之，则应该从周围区域的地方政府获得一定数额的农田生态补偿。

8.2.2　研究方法与数据来源

人类对农产品的需求导致了对农田的需求，但农产品的供给不仅取决于农田数量，还与农作物的单产、复种指数有关，如果农作物的单产和复种指数高，则对农田需要量少，反之，对农田的需要量则多。在农田需求多样化的工业化社会，为确保食物安全，需要区域保证一定数量的农田来躲避国际粮食市场剧烈动荡时多产生的粮食贸易不稳定。人们希望通过研究近年来粮食市场动荡来反映区域的农田生态状况是处于亏损还是盈余的状态。

因此，研究人口食物消费对农田的需求量的多少，离不开对农作物的单产和农田农作物结构、复种指数的分析。通过对农作物生产状况进行分析，试图从农作物种植结构、粮食总产、单产的历年变化趋势，计算农田增产潜力，最终确定人口食物消费对农田的需求量，即农田的保有量。

粮食安全法计算时涉及的变量主要包括人均粮食年消耗量、区域总人口、区域农田面积、粮食经济作物播种面积比例、复种指数和区域粮食自给率等。其中人均粮食需求量采用世界粮农组织给出的粮食安全标准：每年人均粮食需求为 400 kg。

在一定粮食消费水平以及粮作比条件下，根据各市当年农田粮食年度单产和人口数量来测算粮食需求量和农田需求量，然后根据各市农田的盈亏情况确定补偿相关主体及补偿面积。计算过程如下。

粮食需求量的计算公式为

$$F_d = P_t \times P_a \tag{8.1}$$

农田需求量计算公式为

$$G_d = F_d \div L \div R \tag{8.2}$$

农田盈亏量（补偿面积）的计算公式为

$$S_d = G_s - G_d \tag{8.3}$$

标准化农田盈亏量的计算公式为

$$SS_d = S_d \div K \tag{8.4}$$

补偿额度计算公式为

$$C_a = SS_d \times V_s \tag{8.5}$$

式中：F_d 为粮食需求量；P_t 为人口总量；P_a 为人均粮食消费量；G_d 为农田需求量；F_d 为粮食需求量；L 为播面单产；R 为复种指数；S_d 为农田盈亏量；K 为粮作比；G_s 为农田存量；SS_d 为标准化农田盈亏量；C_a 为补偿额度；V_s 为补偿价值标准。

此外，式(8.1)～(8.5)中的区域人口数量、农田播种面积、粮食经济作物播种比重等数据来源于2013年所涉及的湖北省各地级市的国民经济和社会发展统计公报以及相关年份的《湖北土地年鉴》、《湖北农村统计年鉴》和各市统计年鉴。

8.2.3　武汉城市圈农田生态补偿分区结果与分析

根据8.2.2中的研究方法和数据来源，可以计算得到武汉城市圈农田生态补偿分区类型的结果如表8.1所示。

表8.1　武汉城市圈农田补偿区域类型划分

区域	区域所需农田面积/hm^2	区域现有农田面积/hm^2	差值/hm^2	区域类型
主城区	538 931.77	10 615.92	−528 315.85	支付区
东西湖区	31 440.91	17 251.06	−14 189.85	支付区
汉南区	14 139.31	11 787.00	−2 352.31	支付区
蔡甸区	48 116.88	41 377.98	−6 738.90	支付区
江夏区	93 492.34	72 666.38	−20 825.96	支付区
黄陂区	101 227.44	90 990.92	−10 236.52	支付区
新洲区	97 166.52	62 519.58	−34 646.94	支付区
黄石港区	17 274.40	0.00	−17 274.40	支付区
西塞山区	20 258.16	1 353.10	−18 905.06	支付区
下陆区	10 992.80	452.00	−10 540.80	支付区
铁山区	5 574.92	120.22	−5 454.70	支付区
阳新县	62 831.70	66 299.51	3 467.81	受偿区
大冶市	70 518.81	51 101.70	−19 417.11	支付区
梁子湖区	12 736.42	19 983.82	7 247.40	受偿区
华容区	18 544.66	19 878.80	1 334.14	受偿区
鄂城区	59 581.92	18 385.34	−41 196.58	支付区
孝南区	73 695.53	54 786.88	−18 908.65	支付区

续表

区域	区域所需农田面积/hm^2	区域现有农田面积/hm^2	差值/hm^2	区域类型
孝昌县	52 865.32	59 180.40	6 315.08	受偿区
大悟县	39 748.31	66 747.55	26 999.24	受偿区
云梦县	30 843.79	37 894.15	7 050.36	受偿区
应城市	44 186.32	65 429.42	21 243.10	受偿区
安陆市	33 442.22	65 255.81	31 813.59	受偿区
汉川市	73 558.33	95 051.21	21 492.88	受偿区
黄州区	27 418.12	11 117.32	−16 300.80	支付区
团风县	16 233.01	28 818.12	12 585.11	受偿区
红安县	39 181.22	61 150.06	21 968.84	受偿区
罗田县	27 158.00	36 950.51	9 792.51	受偿区
英山县	11 867.52	25 670.02	13 802.50	受偿区
浠水县	42 176.34	71 412.67	29 236.33	受偿区
蕲春县	42 440.72	68 001.82	25 561.10	受偿区
黄梅县	54 675.56	78 615.75	23 940.19	受偿区
麻城市	50 306.33	104 392.10	54 085.77	受偿区
武穴市	32 098.98	51 269.06	19 170.08	受偿区
咸安区	53 194.94	33 298.89	−19 896.05	支付区
嘉鱼县	23 896.45	34 294.30	10 397.85	受偿区
通城县	33 212.28	29 311.48	−3 900.80	受偿区
崇阳县	27 546.75	34 861.81	7 315.06	受偿区
通山县	27 852.52	28 600.95	748.43	受偿区
赤壁市	69 518.93	41 281.11	−28 237.82	支付区
仙桃市	110 947.59	119 164.94	8 217.35	受偿区
潜江市	127 004.29	124 030.90	−2 973.39	支付区
天门市	143 853.06	168 211.92	24 358.86	受偿区
合计	2 511 751.39	2 079 582.48	−432 168.91	

由表8.1可知，基于粮食安全法的武汉城市圈2013年所需的农田面积为251.18×10^4 hm^2，根据《2013年湖北省土地变更调查》数据显示，武汉城市圈现有的农田面积为207.96×10^4 hm^2，存在43.22×10^4 hm^2的农田亏损缺口。

从县(市、区)的层面来看，武汉城市圈48个县(市、区)中处于农田生态盈余状态的县(市、区)有25个，这些区域为武汉城市圈农田生态环境的维护和平衡做出了超出自身需要的贡献，归类为受偿区。其中盈余面积最大的三个县(市、区)为麻城市(54 085.77 hm^2)、安陆市(31 813.59 hm^2)和大悟县(26 999.24 hm^2)。而其余的23个县(市、区)维持自身消费的粮食所需要的农田面积多于现有的农田面积，为农田亏损区，即需要对其他区域支付农田生态补偿。其中，支付区中亏损面积最大的为武汉市的 6 个中心城区，其平均亏损面积达到了 88 052.64 hm^2，具体分区如图 8.4 所示。

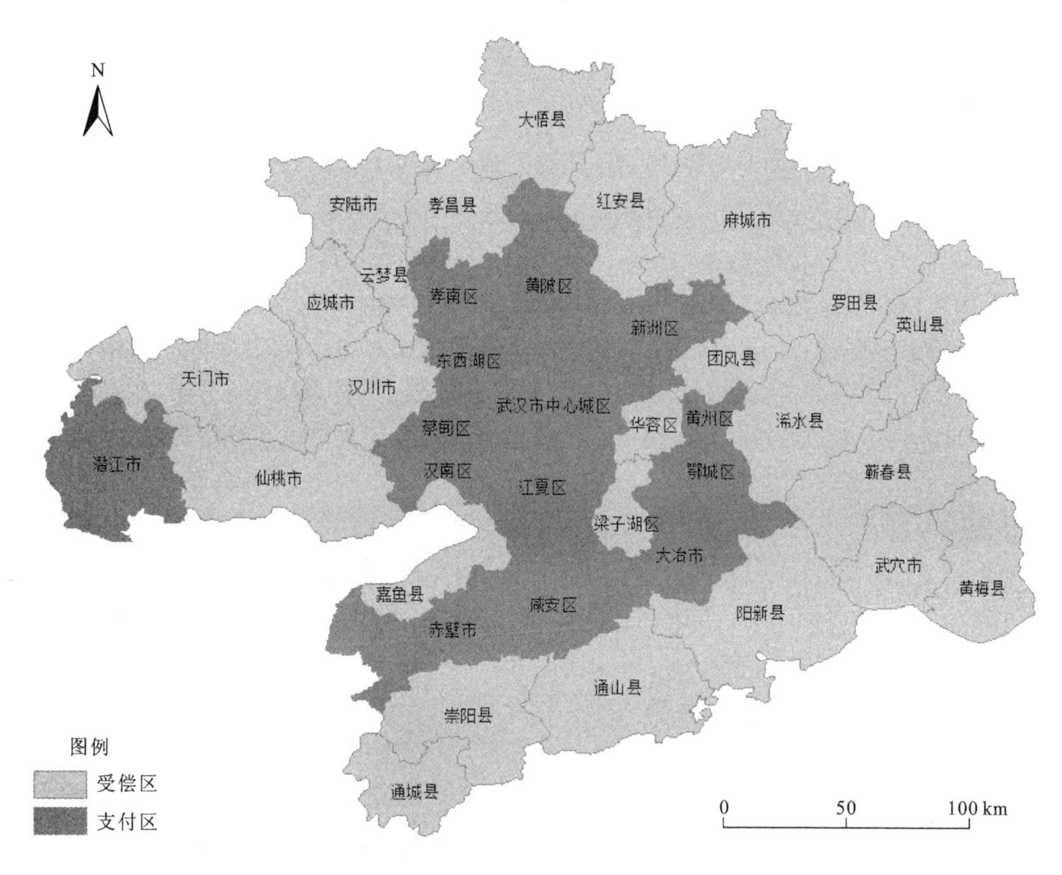

图 8.4　武汉城市圈农田补偿区域类型划分

8.3　武汉城市圈区域内农田生态补偿资金转移额度核算

8.3.1　研究基础

在现实的市场中，当商品的供给方和需求方之间发生非自愿或非均衡交易需要进行价格补贴时，商品的买卖双方即是补偿的主体和客体（马爱慧，2011）。但是，对当前还无法在现有市场中进行买卖的农田商品或者服务来说，补偿主体是指从农田生态系统所提供的服务中获得满足或者效用的所有社会成员和组织，而对应的补偿客体则是指在某种程度上无偿提供这些具有非市场价值的商品或者服务的所有社会个体或组织。针对农田而言，农田保护利益相关者有中央政府、地方政府、农田生态服务的提供群体和需求群体。在我国由于土地所有制包括城镇土地的国有制和农村土地的农村集体经济组织所有制，具体而言，包括农村集体经济组织和所有具有承包权和经营权的集体成员——农民。因此，对于生态产品的供给和需求双方来说，农民应是生态补偿客体，全体社会成员则是补偿主体。

农田生态系统具有调节局部小气候、提供开敞景观等无法在现有市场中体现的外部性生态产品，需求者无需向其供给者付出任何成本便能从这些商品的消费中获得效用，但这也会造成生态保护人缺乏积极性，最终导致生态效益或生态服务的供应量减少和损失。而生态环境效益的受益者处于不同区域层次，区域内部的补偿主要是本县域内农田保护的受益者或者享用者，包括市民和承担较少农田保护责任的集体对农田的承包者或者经营者、拥有农田承包经营权的农户、拥有农田所有权的农村集体经济组织进行财政转移和经济补偿，本书主要以农户作为补偿对象而进行的区域内部农田生态补偿转移支付额度进行核算。

8.3.2 武汉城市圈区域内农田生态补偿标准确定

生态补偿标准测算常用的方法有机会成本法、意愿调查法、生态系统服务功能价值法、效益转移法、市场法等，并逐渐被应用于研究领域(王瑞雪，2005)。其中，意愿调查法是指通过模拟及构建假想市场，充分尊重受访者个人的支付意愿和支付能力，也能满足利益相关方协商及博弈的需要，符合生态补偿标准确定中所需要的因地制宜原则。因此，在国内外的研究实践中应用较广，逐步成为确定生态补偿标准应用较多的方法之一。

基于区域内的农田生态补偿资金转移支付是在地方政府和其所管辖区域内的农户之间展开，因此，武汉城市圈区域内的补偿标准来源于 6.2.3 中测算出的基于武汉市农户受偿意愿的农田生态补偿标准。由于各区域异质性的存在，为了确保补偿量的科学性，需要对相关数据进行修正，即通过地方生产总值、农户纯收入等要素构建因素修正模型，对基于农户受偿意愿的农田生态补偿标准进行修正，得出武汉城市圈各区域自身的区域内农田生态补偿标准。补偿面积是确定补偿量的另一个重要因素，本书中的补偿量即为武汉城市圈各市实际保有的农田面积，数据来源于《2013 年湖北省土地利用变更调查》。具体公式为

$$E_i = P_i \times Q_i \times \delta_i \tag{8.6}$$

式中：E_i 为区域 i 内政府需对保有农田农户或者集体进行转移的财政资金数额；P_i 为区域 i 内的农户受偿标准，根据第 6 章中武汉市江夏区农户受偿意愿的计算结果，江夏区农户对于保有 1 hm^2 农田的受偿意愿标准为 7 532.96 元/hm^2；Q_i 区域 i 内补偿面积，即为

城市圈各县市区的农田面积，数据来源于《2013 年湖北省土地利用变更调查》；δ_i 区域 i 内的修正系数，即选择与研究区域发展条件相似的地区为参考系，通过地方生产人均总值、农村居民人均纯收入等要素进行修正，也是采用上述方法的关键。

$$\delta_i=\frac{G_i}{G}\times\frac{F_i}{F} \tag{8.7}$$

式中：δ_i 为区域 i 的综合调整系数；G 为参照地区（江夏区）人均地方生产总值；G_i 为区域 i 的人均地方生产总值；F 为参照地区（江夏区）农村居民人均可支配收入；F_i 为区域 i 的农村居民可支配收入。

8.3.3　武汉城市圈区域内农田生态补偿资金转移额度核算结果分析

根据 8.3.2 中的研究方法和数据来源，可计算得到武汉城市圈 48 个县（市、区）县域内的农田生态补偿资金额度，具体如表 8.2 所示。

表 8.2　武汉城市圈区域内农田生态补偿资金转移额度核算表

区域	综合修正系数	基于农户受偿意愿的补偿标准/（元/hm^2）	区域内农田生态补偿资金转移支付额度/万元
武汉主城区	3.264 7	10 585.56	26 107.61
东西湖区	1.303 6	9 819.63	16 939.91
汉南区	1.217 4	9 170.44	10 809.20
蔡甸区	1.050 4	7 912.83	32 741.70
江夏区	1.000 0	7 532.96	54 739.29
黄陂区	0.741 2	5 583.11	50 801.26
新洲区	0.739 7	5 572.03	34 836.12
黄石港区	0.000 0	0.00	0.00
西塞山区	0.605 1	4 557.88	616.73
下陆区	0.742 6	5 594.31	252.86
铁山区	0.426 0	3 208.73	38.58
阳新县	0.155 4	1 170.52	7 760.50
大冶市	0.631 0	4 753.26	24 289.95
梁子湖区	0.379 4	2 858.29	5 711.95
华容区	1.085 0	8 172.95	16 246.84
鄂城区	0.727 3	5 478.81	10 072.98
孝南区	0.339 2	2 554.95	13 997.78
孝昌县	0.115 0	866.36	5 127.17
大悟县	0.128 9	971.36	6 483.58

续表

区域	综合修正系数	基于农户受偿意愿的补偿标准/(元/hm^2)	区域内农田生态补偿资金转移支付额度/万元
云梦县	0.410 2	3 089.66	11 707.99
应城市	0.431 1	3 247.54	21 248.44
安陆市	0.264 4	1 992.04	12 999.22
汉川市	0.447 8	3 373.51	32 065.64
黄州区	0.475 5	3 582.26	3 982.51
团风县	0.119 2	897.99	2 587.85
红安县	0.117 9	888.07	5 430.53
罗田县	0.125 4	944.45	3 489.79
英山县	0.137 5	1 035.95	2 659.29
浠水县	0.179 3	1 350.57	9 644.79
蕲春县	0.155 3	1 169.86	7 955.26
黄梅县	0.168 4	1 268.90	9 975.55
麻城市	0.172 8	1 301.83	13 590.05
武穴市	0.362 8	2 733.14	14 012.54
咸安区	0.434 8	3 275.27	10 906.28
嘉鱼县	0.679 7	5 120.14	17 559.15
通城县	0.218 2	1 643.85	4 818.36
崇阳县	0.191 2	1 440.24	5 020.92
通山县	0.148 8	1 120.91	3 205.90
赤壁市	0.814 4	6 134.96	25 325.80
仙桃市	0.521 3	3 927.15	46 797.86
潜江市	0.627 6	4 727.85	58 640.00
天门市	0.340 4	2 564.08	43 130.85
合计	—	—	684 328.58

计算结果(表 8.2)表明，武汉城市圈 48 个县(市、区)2013 年区域内农田生态补偿标准最高的为武汉市中心城区(平均值为 10 585.56 元/hm^2)、其次为东西湖区(9 819.63 元/hm^2)和汉南区(9 170.44 元/hm^2)。最低的三个县市区为罗田县(944.45 元/hm^2)、团风县(897.99 元/hm^2)和红安县(888.07 元/hm^2)。

武汉城市圈 48 个县(市、区)2013 年因保有区域内的农田而需要最大额度资金转移支付的三个县(市、区)分别是潜江市、江夏区和黄陂区，其需要向辖区内农户因保有农田而进行农田生态补偿资金转移的额度分别为 58 640.00 万元、54 739.29 万元和 50 801.26 万元。进行最低额度资金转移支付的三个县(市、区)分别是西塞山区、铁山区和下陆区，其需要向辖区内农户因保有农田而进行农田生态补偿资金转移的额度分别为 616.73 万元、252.86 万元和 38.58 万元。此外，江汉区和黄石港区因无农田分布，因此农田生态补偿标准和补偿额度都为 0 元，不纳入计算比较。

我国现在已经实施的、由中央财政直接支付的粮食直补、农机补贴等农业补贴本质也是农业生态补偿的一种表现形式，但目前补贴的力度还比较小，对农田保护利益相关主体的激励作用不够明显。区域内农田生态补偿资金转移支付额度量的计算为新的补偿标准提供了理论依据，以此达到通过经济利益来刺激农田利益相关主体对农田保护工作重视的目的，切实提高其进行农田保护的积极性。

8.4　武汉城市圈区域间农田生态补偿资金转移额度核算

8.4.1　研究基础

区域间环境问题是影响地区间关系的重要因素（马爱慧 等，2010）。一个地区环境问题常跨越行政边界，侵害相邻地区，使相邻地区和企业深受其害，遭受严重损失。农田生态系统作为具有强烈正向外部性的开放式系统，其流动是非定向的，具有极强的扩散性和公共产品特性。地方政府虽然作为中央政府和基层农村集体组织之间的中间机构，却同样是相对独立的理性经济个体，有追求自身经济最大化的动机，不愿意为了农田的保护而牺牲所有的经济发展机会。因此从社会公平与公正的角度出发，对于那些因为农田保护而在一定程度上牺牲自身经济利益的地方政府应该得到一定的农田生态补偿，相反的，那些没有为农田保护做出牺牲或者做出较少牺牲的地方政府则应该拿出一部分经济成果用于支付农田生态补偿，以保证区域间利益均衡，最终达到社会福利共享。

跨区域的生态补偿是协调区域生态环境保护和经济发展矛盾的关键，也是生态补偿机制建立中的重点和难点。生态补偿是协调环境保护与区域发展机会公平的重要手段（杨欣 等，2012a；2012b），如何结合区域自身情况，在划定农田生态补偿类型的基础上，寻找一种测算跨区域农田生态补偿资金转移额度的方法，使得游离在现有交易市场之外的农田生态服务能够体现出其经济价值，从经济利益上实现对现有农田生态服务供给者的补偿，在财政支出最小化的前提下，鼓励和提高相关地方政府和农户在贯彻农田保护任务中的积极性。

8.4.2　武汉城市圈区域间农田生态补偿标准确定

对于区域间的农田生态补偿，因其补偿涉及群体的多样性、农田生态服务的流动性和服务范围不确定性，区域间的农田生态补偿额度测算并没有形成公认的研究方法（杨欣等，2015）。吴晓青等（2003）采用经济损失量与受益量的差额法对区际生态补偿进行核算；张效军（2006）、牛海鹏等（2009）利用区域农田赤字和盈余来解决农田资源跨区域补偿问题；程明（2010）通过经验法和机会成本法两种方法探讨北京市跨界水源功能区的区域之间的生态补偿量问题。马爱慧等（2010）则基于生态足迹和生态承载力理论，对全国层面分区域的土地生态补偿额度进行计算和测定；王女杰等（2010）、杨欣 等（2013a）等综合考虑区域的生态系统服务价值和经济发展水平，提出了生态补偿优先级作为衡量区域间补偿轻重缓急顺序的重要依据。

现实操作中，生态补偿标准的确定不仅要考虑农田生态服务供给双方的资源禀赋和经济收入水平，还要充分考虑地区所处的社会经济发展定位和发展阶段。基于市民是农田生态系统服务最主要的受益群体，其支付意愿是实施农田生态补偿的主要资金来源，因此本书中单位面积的区域间转移支付标准基于市民支付意愿的农田生态补偿标准。但现实中各区域农地所处区位的不同、非农开发限制的不同，非农就业机会和居民收入的不同也使得市民的支付意愿有所差异。因此，农田生态补偿标准确定的具体操作中需要以武汉地区的测算结果作为参考系，通过地方生产总值、城镇居民人均可支配收入要素构建因素修正模型，对基于市民支付意愿的农田生态补偿标准进行修正，得到武汉城市圈 48 个县（市、区）之间的农田生态补偿标准，进而估算区域间的农田生态补偿资金转移额度。具体公式为

$$E_i = P \times \Delta Q_i \times \delta_i \tag{8.8}$$

式中：E_i 为区域 i 进行区域间农田生态补偿资金转移支付的额度；P 为市民对单位面积农田生态补偿的支付意愿额度，依据 6.1.2 小节中的计算结果，武汉市主城区市民对于单位面积农田生态补偿的支付意愿为 6 079.70 元/hm^2；ΔQ_i 为区域 i 的农田盈亏面积，取 8.2.3 中粮食安全法计算下的农田盈亏面积；δ_i 为区域 i 内的修正系数，具体计算公式如下。

$$\delta_i = \frac{G_i}{G} \times \frac{R_i}{R} \tag{8.9}$$

式中：δ_i 为区域 i 的综合调整系数；G 为参照地区（武汉市主城区）人均地方生产总值；G_i 为区域 i 的人均地方生产总值；R 为参照地区（武汉市主城区）农村居民人均纯收入；R_i 为区域 i 的农村居民人均纯收入。

8.4.3 武汉城市圈区域间农田生态补偿资金转移额度核算结果分析

根据 8.4.2 小节中的研究方法和数据来源，结合 8.2.3 小节中的计算结果，可计算得到武汉城市圈 48 个县（市、区）县域内的农田生态补偿资金额度，具体如表 8.3 所示。

表 8.3　武汉城市圈区域间农田生态补偿资金转移额度核算表

区域	综合修正系数	基于市民支付意愿的补偿标准/(元/hm^2)	盈亏面积/hm^2	区域间农田生态补偿财政转移支付额度/万元
武汉主城区	1.000 0	6 079.70	−528 315.85	321 200.19
东西湖区	0.773 6	4 703.06	−14 189.85	6 673.58
汉南区	0.611 0	3 714.90	−2 352.31	873.86
蔡甸区	0.512 6	3 116.68	−6 738.90	2 100.30
江夏区	0.466 7	2 837.68	−20 825.96	5 909.75
黄陂区	0.347 1	2 110.09	−10 236.52	2 160.00
新洲区	0.349 7	2 126.18	−34 646.94	7 366.56
黄石港区	0.514 8	3 129.98	−17 274.40	5 406.85
西塞山区	0.443 8	2 698.19	−18 905.06	5 100.95
下陆区	0.495 1	3 009.93	−10 540.80	3 172.71
铁山区	0.294 3	1 788.97	−5 454.70	975.83
阳新县	0.109 4	665.05	3 467.81	−230.63
大冶市	0.413 8	2 515.93	−19 417.11	4 885.21
梁子湖区	0.215 7	1 311.29	7 247.40	−950.34
华容区	0.574 1	3 490.53	1 334.14	−465.68
鄂城区	0.445 1	2 706.20	−41 196.58	11 148.62
孝南区	0.209 6	1 274.18	−18 908.65	2 409.30
孝昌县	0.100 8	612.59	6 315.08	−386.86
大悟县	0.107 7	655.04	26 999.24	−1 768.57
云梦县	0.231 0	1 404.42	7 050.36	−990.16
应城市	0.242 2	1 472.67	21 243.10	−3 128.40
安陆市	0.171 3	1 041.68	31 813.59	−3 313.94
汉川市	0.261 1	1 587.41	21 492.88	−3 411.81
黄州区	0.319 6	1 943.29	−16 300.80	3 167.73
团风县	0.110 9	674.13	12 585.11	−848.39
红安县	0.113 5	689.82	21 968.84	−1 515.45
罗田县	0.113 8	691.98	9 792.51	−677.62
英山县	0.123 8	752.91	13 802.50	−1 039.20
浠水县	0.121 2	736.65	29 236.33	−2 153.71
蕲春县	0.132 8	807.14	25 561.10	−2 063.14
黄梅县	0.114 2	694.29	23 940.19	−1 662.15
麻城市	0.159 7	971.05	54 085.77	−5 252.01
武穴市	0.241 0	1 464.93	19 170.08	−2 808.28

续表

区域	综合修正系数	基于市民支付意愿的补偿标准/(元/hm²)	盈亏面积/hm²	区域间农田生态补偿财政转移支付额度/万元
咸安区	0.285 4	1 735.18	−19 896.05	3 452.33
嘉鱼县	0.390 0	2 371.36	10 397.85	−2465.70
通城县	0.138 7	843.43	−3 900.80	329.00
崇阳县	0.117 8	715.90	7 315.06	−523.68
通山县	0.116 7	709.37	748.43	−53.09
赤壁市	0.448 5	2 726.99	−28 237.82	7 700.44
仙桃市	0.289 5	1 759.92	8 217.35	−1 446.19
潜江市	0.362 9	2 206.50	−2 973.39	656.08
天门市	0.183 0	1 112.60	24 358.86	−2 710.16
合计	—	—	−432 168.91	—

计算结果(表 8.3)表明，武汉城市圈 48 个县(市、区)2013 年单位面积农田生态补偿标准最高的三个县(市、区)分别为武汉市主城区(6 079.70 元/hm²)、东西湖区(4 703.06 元/hm²)和汉南区(3 714.90 元/hm²)，单位面积农田生态补偿标准最低的三个县(市、区)分别为阳新县(665.05 元/ hm²)、大悟县(655.04 元/ hm²)和孝昌县(612.59 元/ hm²)。这与各县市区所在的经济发展程度、地理交通位置和社会发展规划及转非农用的机会有直接关系。

结合 8.2.3 小节中的计算结果，得到武汉城市圈 48 个县(市、区)中应该获取最高额度农田生态补偿资金转移支付额度的县(市、区)为武汉六个主城区(平均 54 200 元)，最低的三个县(市、区)为汉南区(873.86 元)、潜江市(656.08 元)和通城县(329.00 元)。应该获取区域间农田生态补偿转移支付资金最高额度的三个县(市、区)为汉川市(−3 411.81 元)、安陆市(−3 313.94 元)和应城市(−3 128.40 元)，最低的三个县(市、区)为孝昌县(−386.86 元)、阳新县(−230.63 元)和通山县(−53.09 元)。

8.5 武汉城市圈农田生态补偿资金转移总量核算及来源

8.5.1 武汉城市圈农田生态补偿资金转移总额度核算

根据 8.3.3 小节和 8.4.3 小节中分别对武汉城市圈 48 个县(市、区)区域内和区域间的农田生态补偿资金转移支付额度的测算结果，以每个县(市、区)为单位，进一步将区域内和区域间资金转移支付量进行加总，得到 2013 年武汉城市圈 48 个县(市、区)所需要进行净农田生态补偿资金转移支付总额度。具体结果如表 8.4 所示。

表 8.4　武汉城市圈农田生态补偿资金转移支付总额度

区域	区域内农田生态补偿资金转移支付额度/万元	区域间农田生态补偿资金转移支付额度/万元	农田生态补偿净资金支付总额度/万元
武汉主城区	26 107.61	321 200.20	347 307.81
东西湖区	16 939.91	6 673.58	23 613.49
汉南区	10 809.20	873.86	11 683.06
蔡甸区	32 741.70	2 100.30	34 842.00
江夏区	54 739.29	5 909.75	60 649.04
黄陂区	50 801.26	2 160.00	52 961.26
新洲区	34 836.12	7 366.56	42 202.68
黄石港区	0.00	5 406.85	5 406.85
西塞山区	616.73	5 100.95	5 717.68
下陆区	252.86	3 172.71	3 425.57
铁山区	38.58	975.83	1 014.41
阳新县	7 760.50	−230.63	7 529.87
大冶市	24 289.95	4 885.21	29 175.16
梁子湖区	5 711.95	−950.34	4 761.61
华容区	16 246.84	−465.68	15 781.16
鄂城区	10 072.98	11 148.62	21 221.60
孝南区	13 997.78	2 409.30	16 407.08
孝昌县	5 127.17	−386.86	4 740.31
大悟县	6 483.58	−1 768.57	4 715.01
云梦县	11 707.99	−990.16	10 717.83
应城市	21 248.44	−3 128.40	18 120.04
安陆市	12 999.22	−3 313.94	9 685.28
汉川市	32 065.64	−3 411.81	28 653.83
黄州区	3 982.51	3 167.73	7 150.24
团风县	2 587.85	−848.39	1 739.46
红安县	5 430.53	−1 515.45	3 915.08
罗田县	3 489.79	−677.62	2 812.17
英山县	2 659.29	−1 039.20	1 620.09
浠水县	9 644.79	−2 153.71	7 491.08
蕲春县	7 955.26	−2 063.14	5 892.12
黄梅县	9 975.55	−1 662.15	8 313.40

续表

区域	区域内农田生态补偿资金转移支付额度/万元	区域间农田生态补偿资金转移支付额度/万元	农田生态补偿净资金支付总额度/万元
麻城市	13 590.05	−5 252.01	8 338.04
武穴市	14 012.54	−2 808.28	11 204.26
咸安区	10 906.28	3 452.33	14 358.61
嘉鱼县	17 559.15	−2 465.70	15 093.45
通城县	4 818.36	329.00	5 147.36
崇阳县	5 020.92	−523.68	4 497.24
通山县	3 205.90	−53.09	3 152.81
赤壁市	25 325.80	7 700.44	33 026.24
仙桃市	46 797.86	−1 446.19	45 351.67
潜江市	58 640.00	656.08	59 296.08
天门市	43 130.85	−2 710.16	40 420.69
合计	684 328.58	434 554.46	1 039 152.72

由表8.4可知，对于每个县(市、区)来说，武汉城市圈区域内和区域间所需要的农田生态补偿资金转移支付或受偿的类型不同，额度也不同：对区域内的农田生态补偿资金转移支付额度，基于农户受偿意愿的农田生态补偿标准，计算可得整个武汉城市圈县域内所需的补偿资金总量为684 328.58万元(以《2013年湖北省土地利用变更调查》农田面积数据为基础)。而区域间的农田生态补偿资金转移支付额度因为有支付有受偿，因此以绝对值加总的形式得到，依据市民支付意愿的农田生态补偿标准计算出整个武汉城市圈所涉及的区域间农田生态补偿资金转移支付额度为434 554.46万元。

表8.4显示，进一步的以每个县(市、区)为单位，将区域内和区域间资金转移支付量进行加总得到每个县(市、区)所需要进行净农田生态补偿资金转移支付的总额度都为正值，即都需要进行财政支出，其中需要进行财政转移支付额度最高的三个县(市、区)为江夏区(60 649.04万元)、黄陂区(52 961.25万元)和武汉市主城区均值(49 615.40万元)最低的三个县(市、区)为团风县(1 739.46万元)、英山县(1 620.10万元)和铁山区(1 014.41万元)。

研究结果证实2013年武汉城市圈48个县(市、区)所需要进行净农田生态补偿资金转移支付总额度为1 039 200万元，占到其当年财政收入总额的7.54%。本书的测算结果是在武汉城市圈农田保护区域类型划定的基础上对生态补偿区域横向补偿额度及其流向(杨欣 等，2013b)的研究方向上所取得的重要研究进展，弥补了之前只有分区结果而无补偿额度测算的缺陷，为跨区域农田生态补偿机制的构建打下了坚实的理论基础。

8.5.2　武汉城市圈农田生态补偿资金来源分析

资金来源的筹集是农田生态补偿体系构建的最后一步，也是在具体的实践操作中可为决策者提供政策建议的关键一步。不管是成都市的耕地保护基金、佛山的基本农田保护经济补偿、苏州的生态补偿专项资金还是上海的基本农田生态补偿补贴，补偿的资金来源归纳总结起来主要包括新增建设用地土地有偿使用费、土地出让收入和社会捐助等政府财政收入项目。而同时，基于消费者（市民）的支付意愿资金是已被发达国家普遍使用、在国内被广泛讨论的另一项资金来源。因此，本书从县（市、区）层面，仅从农田生态补偿净资金支付总额度分别占县（市、区）城镇可支配收入总额和财政收入总额的比例角度出发，来讨论其进行农田生态补偿的现实可行性。

根据表 8.5 可知，整体上，武汉城市圈 2013 年的财政收入为 14 867 281 万元，而其所需要的农田生态补偿转移支付资金总额占其当年财政收入的比例为 7.54%，总体而言农田生态补偿在武汉城市圈具有可实施的现实可能性。同时，以单个县（市、区）为单位，分别对城市圈 48 个县（市、区）所需要的农田生态补偿转移支付资金总额度与其财政收入进行对比，发现其比例从 1.98%到 23.79%不等，其中净农田生态补偿资金转移支付总额度占当年各自财政收入的比例最高的三个县（市、区）分别为华容区（23.79%）、天门市（20.87%）和潜江市（19.81%），最低的三个县（市、区）则为铁山区（2.40%）、红安县（2.43%）和东西湖区（1.98%）。占用比例较低的城市多为农田面积较大而区域中农户的农田生态补偿平均受偿意愿水平又较低的地方，是无偿或低价为其他区域分担农田保护任务的县（市、区）。

表 8.5　武汉城市圈农田生态补偿资金转移支付总额度

区域	财政收入/万元	占财政收入的比例/%	城镇居民可支配总收入/万元	占城镇居民可支配总收入的比例/%
武汉主城区	6 993 200	4.97	10 191 179.19	3.41
东西湖区	1 195 200	1.98	717 795.60	3.29
汉南区	197 122	5.93	264 573.85	4.42
蔡甸区	381 297	9.14	859 425.40	4.05
江夏区	558 378	10.86	1 631 128.47	3.72
黄陂区	582 849	9.09	1 717 776.22	3.08
新洲区	367 632	11.48	1 624 073.14	2.60
黄石港区	85 400	6.33	517 920.00	1.04
西塞山区	93 700	6.10	534 963.00	1.07
下陆区	73 400	4.67	292 432.00	1.17

续表

区域	财政收入/万元	占财政收入的比重/%	城镇居民可支配总收入/万元	占城镇居民可支配总收入的比重/%
铁山区	42 200	2.40	140 519.25	0.72
阳新县	126 022	5.98	1 187 191.12	0.63
大冶市	541 324	5.39	2 071 270.07	1.41
梁子湖区	30 088	15.83	241 232.37	1.97
华容区	66 339	23.79	396 912.53	3.98
鄂城区	180 198	11.78	1 467 694.39	1.45
孝南区	191 625	8.56	1 705 665.07	0.96
孝昌县	90 053	5.26	1 071 467.00	0.44
大悟县	101 432	4.65	1 106 235.70	0.43
云梦县	120 190	8.92	1 047 788.56	1.02
应城市	172 895	10.48	1 843 994.01	0.98
安陆市	101 608	9.53	1 147 779.09	0.84
汉川市	227 192	12.61	1 143 739.59	2.51
黄州区	73 570	9.72	780 794.14	0.92
团风县	48 882	3.56	566 821.70	0.31
红安县	161 198	2.43	1 085 873.92	0.36
罗田县	63 939	4.40	986 263.16	0.29
英山县	37 999	4.26	633 380.58	0.26
浠水县	88 819	8.43	1 591 724.00	0.47
蕲春县	116 738	5.05	1 362 483.80	0.43
黄梅县	99 636	8.34	1 577 528.15	0.53
麻城市	149 858	5.56	1 506 789.42	0.55
武穴市	145 864	7.68	1 108 145.52	1.01
咸安区	96 188	14.93	1 031 291.83	1.39
嘉鱼县	94 144	16.03	631 480.08	2.39
通城县	64 117	8.03	687 186.79	0.75
崇阳县	54 665	8.23	595 194.63	0.76
通山县	63 560	4.96	534 876.34	0.59
赤壁市	171 127	19.30	842 826.32	3.92
仙桃市	324 632	13.97	2 220 881.85	2.04
潜江市	299 283	19.81	1 827 369.88	3.24
天门市	193 718	20.87	2 051 728.80	1.97
合计	14 867 281	7.54	54 545 396.53	1.91

武汉城市圈 2013 城镇居民可支配收入总额为 54 545 396.53 万元，武汉城市圈 2013 所需要的农田生态补偿转移支付资金总额占到当年武汉城市圈城镇居民可支配收入总额为的比例为 1.91%。同时，以单个县(市、区)为单位，各县(市、区)2013 年所需要的农田生态补偿转移支付资金总额占其区域内全体城镇居民可支配收入的比例范围为 0.26%～4.42%，其中以单个县(市、区)为单位，48 个县(市、区)2013 年所需要的农田生态补偿转移支付资金总额占其区域内全体城镇居民可支配收入的比例最高的三个县(市、区)为汉南区(4.42%)、蔡甸区(4.05%)和华容区(3.98%)；所占比例最低的三个县(市、区)为团风县(0.31%)、罗田县(0.29%)和英山县(0.26%)。

8.6 本章小结

在补偿标准和补偿方式选择确定的基础上，基于地方政府的视角，分别测算地方政府之间、地方政府与辖区内农户之间的农田生态补偿资金额度是拓宽和创新农田生态环境补偿机制的一项重要内容，既能满足公共利益的需求，又能协调私人利益的冲突，有利实现经济发展与农田保护的双赢。

本章以武汉城市圈为例证，在充分分析武汉城市圈 9 个城市农田保护形势和农田面积流失状况的基础上，运用粮食安全模型对武汉城市圈 48 个县(市、区)进行了农田生态补偿区域的划分，依据计算出的盈亏结果，在武汉城市圈内部划分出受偿区和支付区两大类型区，得到 23 个农田生态亏损区和 25 个农田生态盈余区；其次，依据武汉市江夏区受访市民数据得到的基于农户受偿意愿的农田生态补偿标准，通过地方生产总值、农户纯收入等要素构建因素修正模型对基于农户受偿意愿的农田生态补偿标准进行修正，得出武汉城市圈 48 个县(市、区)区域内的农田生态补偿标准。依据武汉主城区受访市民数据得到的基于市民支付意愿的农田生态补偿标准，通过地方生产总值、城镇居民人均可支配收入等要素构建因素修正模型，对基于市民支付意愿的农田生态补偿标准进行修正，得到武汉城市圈 48 个县(市、区)区域间的农田生态补偿标准；第三步，结合选择实验法的农户受偿意愿和区域农田分布面积计算武汉城市圈的区域内的农田生态补偿资金转移支付额度，为 669 458.51 万元；基于市民支付意愿的农田生态补偿标准结果和区域农田生态盈亏面积测算武汉城市圈区域间的农田生态补偿财政转移支付额度，绝对值总和为 434 600 万元；最后将区域间和区域内的农田生态补偿转移支付资金总量分别与地方财政收入和城镇居民可支配收入总额进行比较，占其比例分别为 1.98%～23.79%和 0.26%～4.42%。

第9章 政策建议

9.1 推进区域内和区域间农田生态补偿转移支付制度相结合

我国现有的农田生态补偿体系主要是通过中央政府向各地地方政府补偿、地方政府向辖区域内村集体和农户补偿的区域内纵向财政支出的方式推进，财政支出作为我国目前生态补偿重要的资金来源，在退耕还林、天然林保护等重要的生态补偿项目中都发挥了基础性的重要作用，但是在区域内纵向财政支出中，由于中央政府和各地地方政府的利益的不完全一致性，产生层层的寻租行为，降低了生态补偿工作的实施成效。

因此，为了提高农田生态补偿的效率，除了已有的各级监督体系和机构的存在外，补偿还应该依据受益群体分布范围的大小和危机程度，全国性的农田生态服务理应由中央政府财政支出来解决，而具有地域属性的、服务输入区和服务享受区相对明显的农田生态服务应该更多地运用区域间横向财政转移支付的方式，不仅减少财政压力，也促使地方政府重视生态补偿工作没有地区之间横向补偿的财政体制保障。可以借鉴德国借助洲际财政平衡基金的方法实现横向资金的转移，具体操作中，可以在那些相互之间具有紧密经济和生态联系的同级政府间建立区域间农田生态补偿转移支付基金，通过地方政府之间的合作，实现不同地区之间农田生态服务的供给和需求交换。

9.2 建立多种融资渠道的农田生态补偿制度

充裕的资金来源是农田生态补偿制度能够持续实施的关键,因此建立多元化融资渠道成为必须。我国现行的农田生态补偿的资金来源主要有政府财政支出,也有部分城市开始将土地出让收入和新增建设用地土地有偿使用费直接纳入农田补偿的资金来源之中,而现实中除了在财政转移支付过程中加强监管以节流外,还应拓宽农田生态补偿的资金来源。

根据"谁受益,谁收费"的原则,来自农田生态服务消费者(市民)的支付意愿是农田生态补偿资金的又一潜在重要来源。虽然我国已经开征的包括排污费在内的环境税费制度已具备一定的基础,但是伴随着我国市场经济的发展,传统的环境税费制度逐渐显现出其不适应性,一些有利于生态和环境保护的税种也未能及时立项,生态税即是其中重要的一种。同时还应坚持税收的中性原则,即国家通过对纳税人进行补贴、补偿或以减少其他类型税收的方式,使纳税人获得与其所征收的生态税等值的款项,目的是在不增加纳税人税收负担总体水平的基础上增加生态税收(郑雪梅,2009)。实践表明,生态税在征收过程中,不可避免会产生负面影响,对此,西方国家的做法是通过各种税收返还或补贴的方式来减缓相关企业、部门极低收入家庭的税收负担。

更进一步,融资方式应该向国家、集体、非政府组织和个人共同参与的多元化融资机制转变,拓宽生态环境保护与建设投入渠道。通过中央财政拨款、发行生态彩票、开征生态税、建立生态标记体系等具有科学性、可操作性生态补偿模式和方式,增强政策机制的运行效果,还可以尝试多引入国际组织或环境保护非政府组织的贷款或捐助。

9.3 推进农田生态补偿的市场化运作

从国外生态补偿的实践看,政府与市场之间并不是完全对立的。单一的由政府主导的补偿模式无法缓和现有的经济发展和农田保护之间的两难矛盾,因此,基于市场的支付手段不断显示出其强大的优越性,市场机制的农田生态补偿开始逐步受到学术界和政府重视。但是也不能将农田生态补偿完全交给市场,适当程度的政府干预还是必需的。因为政府管理可以在市场机制失灵时发挥作用。因此市场和政府模式应当互相配合,共同在农田生态补偿机制中发挥作用,特别是在市场机制还远不成熟的现实背景下,基于政府主导的初始游戏规则应该首先配置到位,制定出一个机制完善的、可供交易的平台,在此基础上积极培育相关市场,引入市场模式。

农田生态补偿还可以借鉴排污权配额交易模式及生态标记体系，前者可以建立农业生态补偿示范区，允许范区内不同的生产者之间可就农资的施用种类和施用强度的配额进行交易；生态标记则应该在加强对农田生态领域已有生态标记的宣传、推广和管理的同时，还要保证生态标记制度在认证体制方面的权威性，并且推动将越来越多的农产品纳入此项计划，共同推进我国农田生态的市场化运作。

参考文献

阿玛蒂亚·森.2002.以自由看待发展.任赜,等译.北京:中国人民大学出版社.

爱德华·弗里曼.2006.战略管理:利益相关者管理的分析方法.王彦华,等译.上海:上海译文出版社.

敖长林,刘芳芳,焦扬,等.2012.三江平原湿地生态价值属性选择分析.农业技术经济(7):87-93.

白景锋.2010.跨流域调水水源地生态补偿测算与分配研究:以南水北调中线河南水源区为例.经济地理,30(4):657-661.

保罗·萨缪尔森.2013.经济学:19版.萧琛,译.北京:商务印书馆.

蔡银莺.2007.农地生态与农地价值关系.武汉:华中农业大学.

蔡银莺,张安录.2007.武汉市农地非市场价值评估.生态学报,27(2):763-773.

蔡银莺,张安录.2008.江汉平原农地保护的外部效益研究.长江流域资源与环境,17(1):98-103.

蔡银莺,张安录.2010a.规划管制下基本农田保护的经济补偿研究综述.中国人口·资源与环境,20(7):102-106.

蔡银莺,张安录.2010b.规划管制下农田生态补偿的研究进展分析.自然资源学报,25(5):868-880.

蔡银莺,张安录.2011a.武汉城乡人群对农田生态补偿标准的意愿分析.中国环境科学,31(1):170-176.

蔡银莺,张安录.2011b.消费者需求意愿视角下的农田生态补偿标准测算:以武汉市城镇居民调查为例.农业技术经济(6):43-52.

蔡银莺,余元.2012.基本农田规划管制下农民的土地发展权受限分析:以江夏区五里界镇为实证.中国人口·资源与环境,22(9):76-82.

蔡银莺,朱兰兰.2014.农田保护经济补偿政策的实施成效及影响因素分析:闵行区、张家港市和成都市的实证.自然资源学报,29(8):1310-1322.

曹瑞芬,张安录.2014.基于耕地资源综合水平的区域耕地保护补偿分区研究:以湖北省为例.农业技术经济(12):15-24.

常向阳,胡浩.2014.基于选择实验法的消费者食品安全属性偏好行为研究.食品工业科技(11):273-277.

陈百名.2004.耕地与基本农田保护态势与对策.中国农业资源与区划,25(5):1-4.

陈佳.2011.基于选择试验模型的基本农田非市场价值评估研究.杭州:浙江大学.

陈竹.2012.农地城市流转外部性测度与外部性内化政策.武汉:华中农业大学.

陈竹,鞠登平,张安录.2010.农地保护的外部效益测算:选择实验法在武汉市的应用.生态学报,33(10):3213-3221.
陈明灿.1998a.水源保护与农地使用受限损失补偿之研究.农业与经济(21):71-111.
陈明灿.1998b.土地开发过程中私权保障之研究:以市地重划为例.台湾大学建筑与城乡研究学报(9),67-79.
陈瑞主,吴佩瑛.2004.农地管制下对农地财产权之保障与侵权.经济社会法制论丛(3):225-268.
陈欣欣,黄祖辉.2000.欧盟共同农业政策的最新改革举措.农业经济问题(6):61-63.
陈源泉,高旺盛.2007.农业生态补偿的原理与决策模型初探.中国农学通报,23(10):163-166.
程明.2010.北京跨界水源功能区生态补偿标准初探:以官厅水库流域怀来县为例.湖北经济学院学报(人文社会科学版),7(5):11-12.
鄂施璇.2014.黑龙江省巴彦县耕地资源非市场价值测算研究.哈尔滨:东北农业大学.
樊辉,赵敏娟.2013.自然资源非市场价值评估的选择实验法:原理及应用分析.资源科学,35(7):1347-1354.
冯琳,徐建英,邸敬涵.2013.三峡生态屏障区农户退耕受偿意愿的调查分析.中国环境科学,33(5):938-944.
高家伟.2009.论国家赔偿责任的性质.法学杂志,24(6):26-31.
葛颜祥,吴菲菲,王蓓蓓,等.2007.流域生态补偿:政府补偿与市场补偿比较与选择.山东农业大学学报:社会科学版,39(4):48-53.
哈尔·R.范里安.2011.微观经济学现代观点.8版.费方域,等译.上海:格致出版社.
韩洪云,喻永红.2012.退耕还林的环境价值及政策可持续性:以重庆万州为例.中国农村经济(11):44-55.
郝春旭,杨莉菲,王昌海.2009.湿地生态补偿研究综述.全国商情:经济理论研究(21):138-140.
洪家宜,李怒云.2002.天保工程对集体林区的社会影响评价.植物生态学报,26(1):115-123.
洪尚群,马丕京,郭慧光.2001.生态补偿制度的探索.环境科学与技术,24(5):40-43.
湖北省统计局.2010.湖北统计年鉴(2002-2010).北京:中国统计出版社.
霍雅勤,蔡运龙.2003.耕地资源价值的评价与重建:以甘肃省会宁县为例.干旱区资源与环境,17(5):81-85.
孔凡斌.2010a.江河源头水源涵养生态功能区生态补偿机制研究:以江西东江源区为例.经济地理,30(2):299-305.
孔凡斌.2010b.生态补偿机制国际研究进展及中国政策选择.中国地质大学学报:社会科学版,10(2):2-5.
李彪,邵景安,苏维词.2013.三峡库区农户土地流转的理论解析.资源科学,35(1):216-224.
李爱年,刘旭芳.2006.对我国生态补偿的立法构想.生态环境,15(1):194-197.
李海燕,蔡银莺.2014.生计多样性对农户参与农田生态补偿政策响应状态的影响:以上海闵行区、苏州张家港市发达地区为例.自然资源学报,29(10):1696-1708.
李京梅,陈琦,姚海燕.2015.基于选择实验法的胶州湾湿地围垦生态效益损失评估.资源科学,37(1):68-75.
李立娜.2012.农地流转中的非市场价值评估.开放导报(6):57-60.

李晓光，苗鸿，郑华，等. 2009. 机会成本法在确定生态补偿标准中的应用：以海南中部山区为例. 生态学报，29(9)：10-18.

李昭阳，李雪，汤洁，等. 2014. 吉林省辽河流域土地利用对气候变化的响应研究. 水土保持研究，21(6)：104-110.

林华，俞祺. 2013. 论管制征收的认定标准：以德国、美国学说及判例为中心. 行政法学研究，84(4)：124-131.

林国庆. 1992. 农业区划分与财产权损失赔偿之分析. 台湾土地金融季刊，29(2)：21-36.

刘春腊，刘卫东. 2010. 中国生态补偿的省域差异及影响因素分析. 自然资源学报，29(7)：1091-1104.

刘春腊，刘卫东，徐美. 2014. 基于生态价值当量的中国省域生态补偿额度研究. 资源科学，36(1)：148-155.

刘红梅，李国军，王克强. 2009. 中国农业虚拟水"资源诅咒"效应检验：基于省际面板数据的实证研究. 管理世界(9)：69-79.

刘灵芝，刘冬古，郭媛媛. 2011. 森林生态补偿方式运行实践探讨. 林业经济问题，31(4)：310-313.

卢高升，吕年. 2004. 环境生态学. 杭州：浙江大学出版社.

陆文彬. 2006. 论环境民事赔偿责任社会化. 福州：福州大学.

马爱慧. 2011. 耕地生态补偿及空间效益转移研究. 武汉：华中农业大学.

马爱慧，蔡银莺，张安录，等. 2010. 两型社会建设跨区域土地生态补偿. 中国土地科学，24(7)：66-70.

马爱慧，张安录. 2012a. 农业补贴政策效果评价与优化. 华中农业大学学报：社会科学版(3)：33-37.

马爱慧，蔡银莺，张安录. 2012b. 基于选择实验法的耕地生态补偿额度测算. 自然资源学报，27(7)：1154-1163.

马爱慧，张安录. 2013. 选择实验法视角的耕地生态补偿意愿实证研究：基于湖北武汉市问卷调查. 资源科学，35(10)：2061-2066.

毛峰，曾香. 2006. 生态补偿的机理与准则. 生态学报，26(11)：38-42.

毛显强，钟瑜，张胜. 2002. 生态补偿的理论探讨. 中国人口·资源与环境，12(4)：38-41.

聂鑫. 2011. 农地城市流转中失地农民多维福利影响因素和测度研究. 武汉：华中农业大学.

牛海鹏，张安录. 2009. 耕地保护的外部性及其测算：以河南省焦作市为例. 资源科学，31(8)：1400-1408.

欧阳志云，王如松，郑华，等，2002. 海南生态文化建设探讨. 中国人口·资源与环境，12(4)：70-72.

秦艳红，康慕谊. 2007. 国内外生态补偿现状及其完善措施. 自然资源学报，22(4)：557-567.

任勇，冯东方，俞海. 2008. 中国生态补偿理论与政策框架设计. 北京：中国环境科学出版社.

任艳胜，张安录，邹秀清. 2010. 限制发展区农地发展权补偿标准探析：以湖北省宜昌、仙桃部分地区为例. 资源科学，32(4)：743-751.

沈根祥，黄丽华，钱晓雍，等. 2009. 环境友好农业生产方式生态补偿标准探讨：以崇明岛东滩绿色农业示范项目为例. 农业环境科学学报，28(5)：1079-1084.

施开放，刁承泰，孙秀锋，等. 2013. 基于耕地生态足迹的重庆市耕地生态承载力供需平衡研究. 生态学报，33(6)：1872-1880.

斯塔西·亚当斯. 1993. 工人关于工资不公平的内心冲突同其生产率的关系. 郝国华等译. 北京：经济科学出版社.

孙雪. 2008. 国家赔偿法之赔偿标准研究. 沈阳：东北大学.

孙新章,谢高地,张其仔.2006.中国生态补偿的实践及其政策取向.资源科学,28(5):25-30.
谭永忠,王庆日,陈佳,等.2012.耕地资源非市场价值评价方法的研究进展与述评.自然资源学报,27(5):883-892.
唐健,卢艳霞.2006.我国耕地保护制度研究.北京:中国大地出版社.
万军,张惠远,葛察忠,等.2004.广东省生态补偿机制研究.生态补偿机制与政策设计国际研讨会论文集,252-263.
万晓红,秦伟.2010.德国农业生态补偿实践的启示.江苏农村经济(3):71-73
汪峰.2001.农地价值评估及其社会保障功能研究.杭州:浙江大学.
王瑞雪.2005.耕地非市场价值评估理论方法与实践.武汉:华中农业大学.
王尔大,李莉,韦健华.2010.基于选择实验法的国家森林公园资源和管理属性经济价值评价.资源科学,37(1):193-200.
王女杰,刘建,吴大千,等.2010.基于生态系统服务价值的区域生态补偿:以山东省为例.生态学报,30(23):6646-6653.
闻德美,姜旭朝,刘铁鹰.2010.海域资源价值评估方法综述.资源科学,36(4):670-681.
文兰娇,张安录.2013.武汉城市圈土地资源诅咒空间差异性、空间传导机制及差别化管理.中国土地科学,27(9):30-37.
瓮怡洁.2006.刑事赔偿制度研究.北京:中国政法大学.
吴岚,秦富仓,余新晓,等.2007.水土保持林草措施生态服务功能价值化研究.干旱区资源与环境,21(9):20-24.
吴昌华,崔丹丹.2005.千年生态系统评估.世界环境(3):56-65.
吴汉勇.2011.稻田养殖法律问题的实证调查与法理阐释.扬州:扬州大学.
吴晓青,洪尚群,段昌群,等.2003.区际生态补偿机制是区域间协调发展的关键.长江流域资源与环境,12(1):13-16.
武燕丽.2005.农用土地资源价值测度方法研究.太原:山西农业大学.
夏秋元.2007.德国国家赔偿制度述评.北京:中国政法大学.
谢敏.2012.法国土地征用制度研究.国土资源情报(12):31-34.
谢高地,鲁春霞,冷允法.2003.青藏高原生态资产的价值评估.自然资源学报,18(2):189-196.
谢高地,甄霖,鲁春霞,等.2008.一个基于专家知识的生态系统服务价值化方法.自然资源学报,23(5):911-919.
徐大伟,郑海霞,刘民权.2008.基于跨区域水质水量指标的流域生态补偿量测算方法研究.中国人口·资源与环境,18(4):189-194.
徐大伟,刘春燕,常亮.2013.流域生态补偿意愿的WTP与WTA差异性研究:基于辽河中游地区居民的CVM调查.自然资源学报,28(3):402-409.
徐中民,钟方雷,赵雪雁,等.2008.生态补偿研究进展综述.财会研究(23):67-72.
许振成,叶玉香,彭晓春,等.2007.流域水资源有偿使用机制的思考:以东江为例.长江流域资源与环境,16 (5):598-602
亚瑟·赛斯尔·庇古.2009.福利经济学.何玉长,等,译.上海:上海财经大学出版社.
杨惠.2010.土地用途管制法律制度研究.重庆:西南政法大学.

杨欣,蔡银莺.2011.武汉市农田生态环境保育补偿标准测算.中国水土保持科学,9(1):87-93.
杨欣,蔡银莺.2012a.基于农户受偿意愿的武汉市农田生态补偿标准估算.水土保持通报,32(1):212-216.
杨欣,蔡银莺.2012b.农田生态补偿方式的选择及市场运作:基于武汉市383户农户问卷的实证研究.长江流域资源与环境,21(5):591-596.
杨欣,蔡银莺,张安录.2013a.武汉城市圈跨区域农田生态补偿转移支付额度测算.经济地理,33(12):141-146.
杨欣,蔡银莺,张安录,等.2013b.农田生态盈亏空间差异与跨区域均衡机制:基于生态账户的武汉城市圈实证分析.中国人口·资源与环境,23(12):57-64.
杨欣,蔡银莺,张安录.2014.发展受限视角下的武汉城市圈跨区域农田生态补偿额度测算.华中农业大学学报:社会科学版(4):92-97.
杨欣,蔡银莺,张安录,等.2015.基于生态账户的农田生态补偿空间转移研究:以武汉城市圈48个县(市、区)为例.自然资源学报,30(2):197-207.
杨小燕,赵兴国,崔文芳,等.2013.欠发达地区产业结构变动对生态足迹的影响:基于云南省的案例实证分析.经济地理,33(1):167-172.
余璐,李郁芳.2010.中央政府供给地区生态补偿的内生性缺陷:多数规则下的分析.中南财经政法大学学报(2):64-69.
余久华,吴丽芳.2003.我国自然保护区管理存在的问题及对策建议.生态学杂志,22(4):111-115.
余亮亮,蔡银莺.2014a.耕地保护经济补偿政策的初期效应评估:东、西部地区的实证及比较.中国土地科学,28(12):16-23.
余亮亮,蔡银莺.2014b.中、东部地区基本农田规划管制农户福利损失及区域差异分析.中国土地科学,28(1):33-39.
张郁,丁四保.2008.基于主体功能区划的流域生态补偿机制.经济地理,28(5):849-852.
张安录.1999.城乡生态经济交错区农地城市流转机制与制度创新.中国农村经济(7):44-49.
张效军.2006.耕地保护区域补偿机制研究.南京:南京农业大学.
张效军,欧名豪,高艳梅.2007.耕地保护区域补偿机制研究.中国软科学(12):47-55.
张效羽.2013.论财产权公益限制的补偿问题:基于美国、德国经验的比较研究.国家行政学院学报(6):106-110.
赵军,杨凯.2007.生态系统服务价值评估研究进展.生态学报,27(1):346-356.
赵祥.2006.地方政府行为变异治理与科学发展观.理论月刊(1):20-23.
赵翠薇,王世杰.2010.生态补偿效益、标准:国际经验及对我国的启示.地理研究,29(4):597-606.
赵士洞,张永民.2006.生态系统与人类福祉:千年生态系统评估的成就、贡献和展望.地球科学进展,21(9):895-902.
赵玉山,朱桂香.2009-08-20.国外生态补偿做法.黄河报.
郑雪梅.2009.中国生态财政制度与政策研究.成都:西南财经大学出版社.
中国生态补偿机制与政策研究课题组.2007.中国生态补偿机制与政策研究.北京:科学出版社.
钟佳萍,禹龙国.2007.论我国刑事赔偿归责原则的完善.政治与法律(1):135-138.
周沛.2007.论社会福利的体系构建.南京大学学报:哲学·人文科学·社会科学版(6):60-67.

周沛.2014.社会福利理论:福利制度、福利体制及福利体系辨析.国家行政学院报(4):80-85.

周小平,宋丽洁,柴铎,等.2010.区域耕地保护补偿分区实证研究.经济地理,30(9):1546-1551.

朱新华,曲福田.2007.基于粮食安全的耕地保护外部性补偿途径与机制设计.南京农业大学学报:社会科学版(4):1-7.

朱子庆.2013.海峡两岸土地征收与补偿制度之比较研究.北京:中国政法大学.

庄国泰,高鹏,王学军.1995.中国生态环境补偿费的理论与实践.北京:中国环境科学出版社.

Abbie A N. 2011. The policy relevance of choice modelling: an application to the Ningaloo and Proposed Capes Marine Parks. Perth University of Western Australia.

Aizaki H, Sato K, Osari H. 2006. Contingent valuation approach in measuring the multifunctionality of agriculture and rural areas in Japan. Paddy and Water Environment, 4(4): 217-222.

Amir S. 1995. The environmental cost of sustainable welfare. Ecological Economics, 13(1): 27-41.

Bateman I J, Carson R T, Day B, et al. 2004. Economic valuation with stated preference techniques: a manual. Ecological Economics, 50(2): 155-156.

Bennett M T. 2008. China's sloping land conversion program: institutional innovation or business as usual? Ecological Econmics, 65(4): 699-711.

Briz T, Ward R. 2009. Consumer awareness of organic products in Spain: an application of multinominal logit models. Food Policy, 34(3): 295-304.

Burton M, Marsh S, Patterson J. 2007. Community attitudes towards water management in the Moore Catchment, Western Australia. Agricultural systems, 92(1): 157-178.

Campbell D. 2007. Willingness to pay for rural landscape improvements: combining mixed logit and random rffects models. Journal of Agricultural Economics, 58(3): 467-483.

Castro M, Martínez F, Munizaga M A. 2013. Estimation of a constrained multinomial logit model. Transportation, 40(3): 563-581.

Caussade S. 2005. Assessing the influence of design dimensions on stated choice experiment estimates. Transportation research part B: Methodological, 39(7): 621-640.

Coase R H. 1960. The problem of social cost. The Journal of Law and Economic, 8(3): 1-44.

Costanza R, Arge R, Groot R, et al. 1997. The value of world's ecosystem services and natural capital. Nature, 387(15): 253-260.

Cuperus R, Canters K, Haes H A, et al. 1999. Guidelines for ecological compensation associated with highways. Biological Conservation, 90(1): 41-51.

Denhardt R B. 2009. Managing human behavior in public and non-profit organizations. California, U. S. A: SAGE Publications, 25(4): 516-517.

DeShazo J, Fermo G. 2002. Designing choice sets for stated preference methods: the effects of complexity on choice consistency. Journal of Environmental Economics and management, 44(1): 123-143.

Do T N, Bennett J W. 2009. Estimating wetland biodiversity values: a choice modelling application in Vietnam's Mekong River Delta. Environment and Development Economics, 14(2): 163-186.

Drake L. 1992. The non-market value of Swedish agricultural landscape. European Review of Agricultural Economics, 19(3): 351-364.

Duke J M, Ilvento T W. 2004. A conjoint analysis of public preferences for agricultural land preservation. Agricultural and Resource Economics Review. 33(2):9-219.

Fahrig L. 2003. Effects of habitat fragment at ionon biodiversity. Annu Rev Ecol Evol Syst, 34(34): 487-515.

Fausold C J, Lilieholm R J. 1999. The economic value of open space: a review and synthesis. Environmental Management, 23(3):307-320.

Garcia X. 2014. The value of rehabilitating urban rivers: the Yarqon River (Israel). Journal of Environmental Economics and Policy, 3(3):323-339.

García-Llorente M, Martín-López B, Nunes P, et al. 2012. A choice experiment study for land-use scenarios in semi-arid watershed environments. Journal of Arid Environments, 87(12):219-230.

Hackl F, Pruckner G J. 1997. Towards more efficient compensation programmes for tourists' benefits from agriculture in Europe. Environmental and Resource Economics, 10(2):189-205.

Hanemann M. 1991. Willingness to Pay and willingness to accept: how much can they differ? American Economic Review, 81(3):635-647.

Hanley N, Wright R E, Alvarez-Farizo B. 2006. Estimating the economic value of improvements in river ecology using choice experiments: an application to the water framework directive. Journal of environmental Management, 78(2):183-193.

Hansher D A, Greene W H. 2003. The mixed logit model: the state of practice. Transportation, 30(2): 133-176.

Hensher D, Shore N, Train K. 2005. Households' willingness to pay for water service attributes. Environmental and Resource Economics, 32(4):509-531.

Hensher D, Rose J M, Greene W H. 2005. Applied choice analysis: a prime. Cambridge: Cambridge University Press.

Hole A R. 2006. Small-sample properties of tests for heteroscedasticity in the conditional logit model. Economics Bulletin, 3(18):1-14.

Hole A R. 2007. Estimating mixed logit models using maximum simulated likelihood. Stata Journal, 7(3): 388-401.

Huber R, Hunziker M, Lehmann B. 2011. Valuation of agricultural land-use scenarios with choice experiments: a political market share approach. Journal of Environmental Planning and Management, 54(1):93-113.

Innes R. 1997. Takings, compensation, and equal treatment for owners of developed and underdeveloped property. The Journal of Law and Economics, 40(2):403-432.

James S, Burton M. 2003. Consumer preferences for GM food and other attributes of the food system. Australian Journal of Agricultural and Resource Economics, 47(4):501-518.

Jim C Y, Chen W Y. 2009. Ecosystem services and valuation of urban forests in China. Cities, 26:187-194.

Jin J J. 2013. Public preferences for cultivated land protection in Wenling City, China: a choice experiment study. Land Use Policy, 30(1):337-343.

Jin J, Jiang C, Lun L. 2013. The economic valuation of cultivated land protection: a contingent valuation study in Wenling City,China. Landscape and Urban Planning,119:158-164.

Johst K, Drechsler M, Watzold F. 2002. An ecological-economic modelling procedure to design compensation payments for the efficient spatio-temporal allocation of species protection measures. Ecological Economics,41(1):37-49.

Kerr G N, Sharp B M H. 2010. Choice experiment adaptive design benefits: a case study. Australian Journal of Agricultural and Resource Economics,54(4):407-420.

Kevin S H. 1997. Regulation and land-use conservation: a case study of the British Columbia agricultural land reserve. Journal of Soil and Water Conservation,2(1):92-95.

Kragt M E, Bennett J W. 2011. Using choice experiments to value catchment and estuary health in Tasmania with individual preference heterogeneity. Australian Journal of Agricultural and Resource Economics,55(2):159-179.

Krutilla J V. 1967. Conservation reconsider. American Economic Review,57(4):777-786.

Kurttila M, Hämäläinen K, Kajanus M, et al. 2001. Non-industrial private forest owners' attitudes towards the operational environment of forestry: a multinominal logit model analysis. Forest policy and Economics,2(1):13-28.

Kuhn R, Prettner K. 2016. Growth and welfare effects of health care in knowledge-based economics. Journal of Health Economics,46(8):100-109.

Lal R. 2001. Managing world soils for food security and environmental quality. Advances in Agronomy,74(1):155-192.

Lancaster K J. 1966. A new approach to consumer theory. The Journal of Political Economy, 74(2): 106-107.

Loomis J B, González-Cabán A. 1998. A willingness-to-pay function for protecting acres of spotted owl habitat from fire. Ecological Economics,25(3):315-322.

Lynch L, Musser W N. 2001. A relative efficiency analysis of farmland preservation programs. Land Economics,77(4):577-594.

Louviere J, Hensher D. 1982. On the design and analysis of simulated choice or allocation experiments in travel choice modelling. Transportation Research Record,37(1):158-169.

Louviere J, Woodworth G. 1983. Design and analysis of simulated consumer choice or allocation experiments: an approach based on aggregate data. Journal of Marketing Research,20(4):350-367.

Lueck D, Michael J A. 2003. Preemptive habitat destruction under the endangered species act. The Journal of Law and Economics,46(1):27-60.

MacDonald D H. 2011. Valuing a multistate river: the case of the River Murray. Australian Journal of Agricultural and Resource Economics,55(3):374-392.

Mallawaarachchi T. 2001. Community values for environmental protection in a cane farming catchment in northern Australia: a choice modelling study. J Environmental Management,62(3):301-316.

Mallawaarachchi T, Morrison M D, Blamey R K. 2006. Choice modelling to determine the significance of environmental amenity and production alternatives in the community value of peri-urban land: Sunshine Coast, Australia. Land Use Policy,23(3):323-332.

Mathies W,William R. 1997. Perceptual and structural barriers to investing in natural capital:economics from an ecological footprint perspective. Ecological Economics,20:3-24.

McVittie A,Moran D. 2010. Valuing the non-use benefits of marine conservation zones:an application to the UK Marine Bill. Ecological Economics,70(2):413-424.

Nelson J P,Kennedy P E. 2008. The Use (and Abuse) of meta-analysis in environmental and natural resource economics:an assessment. Environmental and Resource Economics,42(3):345-377.

Norgaard R B,Jin L. 2008. Trade and governance of ecosystem services. Ecological Economics,66(4):638-652.

Ortega D L. 2011. Modeling heterogeneity in consumer preferences for select food safety attributes in China. Food Policy,36(2):318-324.

Ottensmann J R. 1977. Urban sprawl,land values and the density of development. Land Economics,53(4):389-400.

Ozdemir S. 2003. Convergent validity of conjoint values for farmland conservation easement programs. Orono:The University of Maine.

Parr J,Papendick R,Hornick S,et al. 1992. Soil quality:attributes and relationship to alternative and sustainable agriculture. American Journal of Alternative Agriculturek(7):5-11.

Polyakov M. 2015. Capitalized amenity value of native vegetation in a multifunctional rural landscape. American Journal of Agricultural Economics,97(1):299-314.

Power A G,Phil. T R. 2010. Ecosystem services and agriculture:tradeoffs and synergies. Review Ecosystem Services,36 (8):2960-2969.

Rambonilaza M,Dachary-Bernard J. 2007. Land-use planning and public preferences:what can we learn from choice experiment method? Landscape and Urban Planning,83:318-326.

Rega C. 2011. SEA and ecological compensation in land use plans. IEEE Journal of Quantum Electronics,35(6):970-976.

Rigby D,Balcombe K,Burton M. 2008. Mixed logit lodel lerformance and listributional lssumptions:lreferences and GM foods. Environmental and Resource Economics,42(3):279-295.

Roger A A. 2011. Social welfare and marine reserves:is willingess to pay for conservation dependent on management process? a discrete choice experiment of the Ningaloo Marine Park in Australia. Cannadian Journal of Agricultural Economics,61(2):217-238.

Rolfe J,Bennett J,Louviere J. 2000. Choice modelling and its potential application to tropical rainforest preservation. Ecological Economics,35(2):289-302.

Scott M,Swinton,Frank L,et al. 2007. Ecosystem services and agriculture:cultivating agricultural ecosystems for diverse benefits. Ecological Economics,64:245-252.

Liu S,Deshan T. 2009. Study on ecological compensation policy among the micro subjects on water energy resources development. Journal of Water Resource and Protection,1(1):1-57.

Train K E. 1998. Recreation demand models with taste differences over people. Land Economics,2:230-239.

Turnbull G K. 2012. Delegating eminent domain powers to private firms:land use and efficiency implications. The Journal of Real Estate Finance and Econmics, 45(2): 305-325.

Wang J, Huang J, Rozelle S. 2005. Evolution of tubewell ownership and production in the North China Plain. Australian Journal of Agricultural and Resource Economics, 49(2): 177-195.

Wang X, Bennett J, Xie C, et al. 2007. Estimating non-market environmental benefits of the conversion of cropland to forest and grassland program: a choice modeling approach. Ecological Economics, 63(1): 114-125.

Werner H, Bernard L. 2007. Multifunctional agriculture and the preservation of environmental benefits. Swiss Journal of Economics & Statistics, 143(4): 449-470.

William R, Mathies W. 1996. Urban ecological footprints: why cities cannot be sustainable-and why they are a key to sustainability. Environmental Impact Assessment Review, 16(4): 223-248.

Wu J, Skelton-Groth K. 2002. Targeting conservation efforts in the presence of threshold effects and ecosystem linkages. Ecological Economics, 42: 313-331.

Wunder S. 2005. Payments for environmental services: some nuts and bolts. CIFOR, Bogor.